日本の特殊部隊をつくった
ふたりの“異端”自衛官

——人は何のために戦うのか!——

荒谷 卓　伊藤祐靖
Takashi Araya　Sukeyasu Ito

ワニ・プラス

はじめに

伊藤祐靖

「お前は幾つだ？」

「二三歳です」

「そうか、お前は三〇歳にはならない」

「えっ？」

「三〇歳にはなれない。その前に死ぬからだ」

「俺は、三五歳だ、四〇歳にはなれない。俺もその前に死ぬからだ。

当たり前じゃねえか、俺たちの仕事は、北朝鮮の工作船に乗り込んで、かっさらわれている真最中の日本人を奪還することなんだぞ。異状な損耗率の世界だ。

それがこれほどの頻度《ひんど》で発生するんだ。一回や二回なら、生きて帰ってこられるかもしれねえけど、どんなにひいき目に考えたって三回は無理だ。

ということは、四年も五年も生きているはずがねえ」

これは、創設まもない海上自衛隊の特殊部隊「特別警備隊」での、私と隊員のやりとりである。実際に工作船に乗り込んでいく隊員の間では、こんな殺伐《さつばつ》とした会話が日常茶飯事交わされていた。

そんなとき、二年後にできる陸上自衛隊の特殊部隊の指揮官予定者が視察にやって来た。荒谷卓氏である。

細かいことはは本文中にあるので割愛するが、私は荒谷氏が視界内に入った途端、我々と同じ匂いを感じ、戸惑った。

なぜなら、我々は「どんなに幸運が重なったとしても、生きているのはあと四、五年だ」と思っているのに対し、同じ特別警備隊でも、私より立場が上の者は、「自分は定年まで海上自衛隊にいるだろう」くらいに思っている。

要するに我々は同じ人間であっても、別の種族なのだ。

荒谷氏は部隊のトップだから、実際に弾が飛んでくる場所に行くわけではない。だから、別の種族のはずなのに、同じ種族で同じ死生観を持っていることが一瞬でわかった。

だから戸惑ったのだ。そして、次の瞬間、本能的に好きになった。

あれから二三年のお付き合いである。四〇歳にならないはずだったのに、私は五八歳になった。まだまだ、やりたいこともやらなければならないことも山ほどあるが、最近思うのは、

「人生というのは、自由で、じつに楽しく、そして割と長い」

ということだ。

荒谷氏も、そう思っているに違いない。

今回、あらためて思っていることをお互い口にしてみたが、私はふたりとも極めて当たり前のことを普通に考え、当然のように、それを実行してきたにすぎないと思った。

どういうわけだか、「変人」と言われるふたりだが、その頭のなかを覗《のぞ》いてみ

るのも一興ではないだろうか？
ご一読されることを、強くお勧めする。

令和四（二〇二二）年　一二月

第一章　日本の特殊部隊

孤立を前提とし、任務を達成する特殊部隊

伊藤　特殊部隊[*1]というと、皆さん色々なイメージを思い浮かべます。

映画『ランボー』のように、ボディビルダーのような身体をして、バカに大きなナイフを持って、銃を撃ちまくる。または地獄のような訓練に耐え、最新鋭の兵器を使いこなすエリート集団。会社では少数精鋭で異色な組織を、特殊部隊と呼ぶこともあるようですね。

荒谷　伊藤さんが言うように、特殊部隊という言葉は幅広い使われ方をしています。

ミリタリー雑誌では、水陸機動団[*2]や空挺団[*3]、化学防護隊[*4]を特殊部隊と称することがあります。これは、一般の部隊にはない特定の機能を担うために、特別に編制された部隊を特殊部隊と呼んでいるケースです。

伊藤　私は海上自衛隊の特殊部隊である特別警備隊に足かけ八年所属していましたが、私が考える特殊部隊の最大の特徴とは、孤立を前提としていることです。

軍事作戦は後方支援、通信、食事の用意、弾の準備など、様々な役割を持った組織が同時に動いて初めて任務を遂行できます。

ところが特殊部隊では、孤立無援になっても作戦を遂行することを求められます。通常ほかの部隊の支援を受けられることでも、自分たちでなんとかしないといけない。そのため特殊部隊では、どんな状況でも任務を遂行できる幅広い能力を備える必要がありました。

陸上競技の例でいえば、特殊部隊は十種競技といえるでしょう。十種競技では、ひとりの選手が一〇〇メートル走、走り幅跳び、砲丸投げ、走り高跳び、四〇〇メートル走、一一〇メートルハードル、円盤投げ、棒高跳び、やり投げ、一五〇〇メートル走に挑み、その総合点を競います。

ひとつの競技に特化した選手と比べれば一つひとつの記録は低いですが、総合点は高い。その総合力で勝負するのが特殊部隊です。

ビジネス用語でいえば、ひとつの技能に優れたスペシャリストというより、様々なことに対応できるジェネラリストですね。

荒谷　孤立が前提というのは、陸上自衛隊の特殊部隊である特殊作戦群も同様です。とくに特殊作戦群の場合は、最初から単独で行動することを前提としていました。

特殊部隊は、一般部隊との対比で考えるとわかりやすいかもしれませんね。

通常戦争[*5]は国際法に則った戦闘を行います。宣戦布告[*6]をする、戦闘に参加するのは軍人[*7]のみとする、戦場にいる民間人は敵味方関係なく保護しなければいけないなど、そこには様々なルールが存在します。

戦場に軍人しかいない状況をつくり、敵の殲滅《せんめつ》[*8]を目指して思う存分戦うのが通常戦争であり、このときに運用されるのが一般部隊です。

それに対し、不正規戦や非在来戦[*9]という場面があります。これは宣戦布告がない戦いを指しています。

世界で多発するテロ攻撃は、まさに不正規戦に該当します。

国家間が戦争になっていない状況で、国家の政治的目的を遂行するために使われるのが特殊部隊です。

特殊部隊が動く不正規戦は、難しい決断が多いものです。

例えば不審船で日本人を拉致した犯人が軍人ではない場合、自衛官はどこまで危害を加えてよいのか。

また市街地でテロリストから人質を奪還する際、どの程度の犠牲を想定するかなどです。

一般部隊は通常戦争を前提としているので、戦場のルールに沿った戦い方しかできません。

もし市街地のテロ対処などに一般部隊を投入すれば、テロリストも一般市民も識別せずに攻撃を加えることになり、その国の

退官後も交流を続ける荒谷（左）と伊藤（右）

政府は世界から厳しい非難を浴びるでしょう。

敵味方だけではなく一般市民が混在するような場所で、政府の我儘《わがまま》な要求に応える能力を持っているのが特殊部隊といえます。


伊藤　ウクライナ情勢を見てもわかりますが、通常戦争が突然勃発することは稀《まれ》です。戦争が始まる前に徐々に当該国間の関係が悪化し、そこに国際社会も注目するため、近隣国が関係復旧を支援したり、国連が介入したりします。そのうえで宣戦布告を受けて防衛出動が下令されてから開始されますので、部隊としては時間的な余裕はそれなりにありますし、状況もかなり予測できます。

ところが特殊部隊が担う不正規戦は、極端に言えば、ある日突然、出撃命令が来て、それが報道されることもほとんどありません。

諸外国の特殊部隊になると、敵国の反政府勢力のゲリラ活動[*10]の支援、要人誘拐や暗殺なども行います。

宣戦布告をして正々堂々と軍人だけが戦う通常戦争に比べると、不正規戦での特殊部隊の動きは「こそこそ系」(笑)。小規模で見えにくい活動と言えるでしょう。

勿論、なかには違法行為もあるでしょうが、国際社会にはきれいごとを言っていられない厳しい現実がある。

荒谷　いま伊藤さんが「こそこそ系」と言いましたが、特殊部隊が動く不正規戦は諜報*11や謀略*12と連動しています。

諜報や謀略活動の実態は、一般メディアには出てきませんし、仮にそれがばれてもお互いに否定しますが、現実には常態的に行われている活動です。

盗聴、詐欺、脅迫、誘拐、破壊、殺人等の諜報や謀略はNSA*13、CIA*14、MI6*15のような情報機関が担当し、小規模な攻撃として襲撃や待ち伏せ（ダイレクト・アクション*16）を特殊部隊が行い、そのあと始まる通常戦争を一般部隊が引き継ぐ。

国家意思の実現に向かうフェーズによって、主役が移り変わっていくのです。

第二次世界大戦のころ、米軍には諜報や謀略を担当し、破壊活動も行うOSS*17という組織がありました。大戦が終わったあと、諜報や情報収集は平時の活動になるため、軍人という身分では国際法規に反します。そのため諜報に関する機能がＣＩＡとして国務省に移されました。

ところが諜報活動のなかで戦闘が生じた際、ＣＩＡに所属する一般人が武器を持って戦うわけにはいきません。軍人ではない人間が戦闘に参加するのは、国際法違反だからです。

ではどうするかとなり、正規軍のなかに特殊部隊であるグリーンベレー[*18]が創られました。

戦闘は軍人がやるものですが、通常戦争とは明らかに性質が違う戦闘には、それに対応できる特別な部隊が必要です。それが特殊部隊なのです。

＊1　特殊部隊
軍隊や法執行機関において、特殊な任務を担当する部隊。一般部隊とは遂行すべき任務と編制が異なる。敵地への潜入・偵察、破壊工作、人質救出、対テロ作戦等、通常業務の範疇外の業務を行うため、特殊な技術やノウハウを習得した隊員により構成される。一般の将兵・捜査官から必要な資質に秀でた者を選抜して

訓練を施すのが普通である。その性質上、任務に駆り出される頻度が低く、執務時間の大半が訓練で占められる。

米陸軍のグリーンベレーやデルタフォース、同海軍のネイビーシールズ、ロシア連邦軍のスペツナズなどが有名。日本の自衛隊には荒谷が初代群長を務めた陸上自衛隊の特殊作戦群と、伊藤が創設に携わった海上自衛隊の特別警備隊がある。

＊2　水陸機動団

「日本版海兵隊」とも称される、陸上自衛隊に所属する水陸両用作戦部隊。離島の防衛や奪還などを目的とした部隊で、本部は長崎県佐世保市の相浦《あいのうら》駐屯地に設置されている。二〇二一年時点の隊員数は約二四〇〇人。

＊3　空挺団

自衛隊では、千葉県船橋市の習志野駐屯地に本部を置く第一空挺団が唯一の空挺部隊——輸送機・落下傘などを用いて、敵の後方要衝などに降下し、作戦を行う——である。

＊4　化学防護隊

特殊武器防護隊。放射性物質や生物・化学物質などを使用した特殊な武器による攻撃などに対して、対応する陸上自衛隊の部隊のこと。各種の化学器材によって被害状況を偵察し、汚染された人員や装備品の除染などを行う。

＊5　通常戦争
(conventional warfare) 政府によって組織され、訓練や装備などがいきとどいている正式の軍隊が行う戦争形態のこと。正規戦。

＊6　宣戦布告
他国に対し戦争に訴えることを宣言・公布すること。とくに、ハーグ条約（一九〇七年）の開戦規定による戦争開始の宣言をいう。開戦宣言。

＊7　軍人
軍籍にある人。正規の軍事訓練を受け、国家により階級を与えられた者。陸海空等、軍将校・下士官・兵の総称。敵を破壊する権利を所有し、敵に投降した際は捕虜として基本的人権が保障されている。敵を撃つ権利を持つ軍人は武器の所持を認められている。その軍人で組織される軍隊はとくに規律・秩序を維持する

必要がある。そのため多くの国には一般の司法制度とは別の法体系による軍事司法制度があり、軍法等でその方針等を規定している。ちなみに、軍属は原則として文官であり、軍人ではない。

＊8　殲滅
皆殺しにして滅ぼすこと。滅ぼし尽くすこと。

＊9　不正規戦や非在来戦
(unconventional warfare) 古典的な戦争に分類できない、様々な紛争の形態。民間人が存在する市街地を狙ったテロ攻撃への対処や、自国以外の政府転覆や自国に有利な政府の存続支援のための作戦等。民衆が自発的にあるいは外国の援助を得て武装し、訓練も装備もまちまちのままに行う戦争形態——民兵や義勇軍、大衆蜂起などによる戦争——もこれに当てはまる。

＊10　ゲリラ
奇襲して敵を混乱させるなど、遊撃戦——主力から独立して行動する部隊が戦況に応じて敵を攻撃したり、味方を助けたりすること——を行う小部隊。また、

その遊撃戦法。

＊11　諜報
相手の情勢などをひそかに探って知らせること。また、その知らせ。

＊12　謀略
人を陥れる謀りごと。策略。とくに本書では、秘密裡《ひみつり》の政治工作等により相手国の政府や国民行動に影響を与えることを指す。

＊13　NSA
（National Security Agency）米国国家安全保障局。国防総省の情報機関で、軍事情報活動の中枢。世界最大級の諜報機関と言われる。一九五二年創設。本部はメリーランド州フォートジョージミード。

＊14　CIA
（Central Intelligence Agency）米国大統領直轄の情報機関である「中央情報局」のこと。一九四七年設立。国家安全保障会議に繋《つな》がる情報機関で、同会議に必要

な情報を提供することを主任務とし、他国の国家秘密の探索や情報収集、政治工作、反米的団体の監視などを行っている。

＊15　MI6

（Military Intelligence 6）英国の情報機関「英国情報局秘密情報部（SIS：Secret Intelligence Service）」の通称。外務省管轄で、国外での情報活動を主な任務とする。前身は軍事情報部第六課。同様に国内スパイの摘発をおもな任務とするMI5がある。

＊16　ダイレクト・アクション

部隊が戦場において携行している銃などの武器を使用し、目の前にいる敵を攻撃する、直接的な攻撃行動。

＊17　OSS

（Office of Strategic Services）「戦略情報局」。第二次世界大戦期に設置された米国の情報機関・特務機関。米軍に敵側の情報を提供することが主務だが、プロパガンダや破壊活動にも従事した。一九四五年まで活動した。CIAおよびグリーンベレーの前身。

＊18　グリーンベレー

米陸軍の高度に訓練されたオペレーターで構成される特殊部隊。世界最強のエリート部隊のひとつとされる。正式には「米国陸軍特殊部隊（U.S. Army Special Forces）」という。特殊部隊資格課程を修了し、該当部隊に所属する将兵だけが着用を許される緑色のベレー帽を被っているために、こう呼ばれる。

自衛隊初となった、陸と海の特殊部隊創設

伊藤　自衛隊には陸と海、それぞれに特殊部隊がありますが、創設の経緯や目的は明確に違います。

海上自衛隊の特殊部隊である特別警備隊創設のきっかけは、平成一一（一九九九）年三月に発生した能登半島沖不審船事件[＊19]です。

このとき日本人を拉致したと思われる不審船を海上自衛隊が発見、追跡し、日

本海で何発も警告射撃をして停止させ、日本人奪還のために乗り込もうとしました。しかし、不審船は再び逃走を始め、日本人ごと不審船を取り逃がすという苦い結果に終わりました。今後同様の事件が起きた際は、是が非でも日本人を奪還するために創られたのが特別警備隊です。

なぜ新たに部隊を創設したのかといえば、武装した工作員が待ち構える不審船に乗り込んでいけば、当然銃撃戦になり、これは、戦闘艦艇の乗組員が片手間でできるような任務ではないからです。特別な人生観を持っている者を集め、特別な装備を渡し、特別な訓練をさせてから投入しなければ、とてもできません。これがまさに不正規戦で、拉致被害者救出という不正規戦に対処するために創設されたのが、海の特殊部隊である特別警備隊です。

荒谷さんがいらした陸の特殊部隊は、生い立ちが少し違いますよね？

荒谷　陸上自衛隊の特殊部隊である特殊作戦群創設は、世界のトレンドがきっかけでした。

東西冷戦の時代は、米ソ二大陣営間の大戦を考えていればよかったんですが、冷戦の終結でブッシュ大統領のいう「新世界秩序構築[20]」の時代がやってきました。

米ソがぶつかり合う大戦の脅威が去った代わりに、すべての国を新世界秩序に従わせるために各地に紛争の火種が生まれたのです。

新しい時代に必要な部隊として各国が注目したのが特殊部隊でした。大戦で大砲や戦車を使う一般部隊より、新しい世界情勢に適した特殊部隊に予算を投入しようという流れになったのです。

ベルリンの壁[21]が崩れた後の一九九二年ごろから、第二次世界大戦で敗戦国となったドイツなどでも特殊部隊が創設されました。

特殊作戦群の創設が正式に発表されたのは平成一六（二〇〇四）年三月だったので、世界に比べて日本はかなり遅かったと思います。

私が「日本にも特殊部隊が必要だ」と感じたきっかけは、CGS[22]の夏休みを利用して訪れた欧州旅行でした。

CGSとは上級指揮官や幕僚[23]の育成を目的とした二年間の教育課程で、ここで学ぶ間、自衛官の身分は学生になります。

ＣＧＳの学生には緊急出動や災害派遣がなく、休暇を取ることができました。貴重な夏休みを利用して、ソ連がなくなり冷戦は西側の大勝利に終わるという、歴史の大きな転換点を自分の目で見てこようと思ったのです。平成四（一九九二）年の夏、私が三三歳のときでした。

東ドイツを訪れたのは、ちょうどチェックポイント・チャーリー[*24]を撤去していたときでした。ベルリンには壊した壁や地雷を撤去する東ドイツ兵がいたので、私も手伝ったのです。私、地雷撤去もできますから（笑）

まあ地雷は無理だとしても、何かお土産にもらえるんじゃないかと期待していたのですよ。すると東ドイツ兵が「壁持ってけ」と言うので、西と東に接していた壁の薄い部分、とはいっても重量二五キロほどの壁の一部をもらいました。

バックパックに入れてあちこち移動していたのですが、旅の最後にハンガリーから日本に戻る際、空港で重量オーバーになり、持って帰るには高額の費用がかかると言われて諦めました。

一〇万円くらいの格安チケットで行っている学生には、数十万円の追加費用なんて払えません。せめて金槌で叩いて欠片《かけら》だけでも……と思いましたが、空港職員に「ダメダメダメ」と言われてそのまま置いてきました。

伊藤　それは初耳です。もし持って帰っていたら、いまごろ数百万円になっていたでしょうね……。

荒谷　そのとき、東ドイツ兵のヘルメットももらいましたよ。「手伝ってくれたからやるよ」と。

帰国してからこの旅行についてまとめた原稿を、自衛隊内部の雑誌に寄せました。現場を歩いた貴重な体験の情報は、より多くの人に提供すべきと思ったからです。

ところがそれを読んだ上司にこっぴどく叱られました。事前に許可を得なかった国を訪れたのがバレたからです。

この欧州旅行で目の当たりにした冷戦構造の終焉《しゅうえん》をもとに、あらためて論文を書きました。「新世界秩序構築の時代には、不正規戦が増す。それに対応できるのは特殊部隊であり、各国が創設を急いでいる。日本も早急に準備すべきである」という内容でした。ところが自衛隊のなかでの賛同は得られなかったのです。当時、陸上自衛隊のなかで特殊部隊の必要性を主張していた人間はいませんでした。

陸上自衛隊では、冷戦終結後も仮想敵国[*25]がロシアのままという状況が一〇年ほど続きました。大きな組織は差し迫った脅威がないと、方向転換が難しいという典型例でしょう。

当時、中国や北朝鮮は、日本の主たる脅威としては弱すぎたので、やはりロシアを主敵としておかなくては防衛力整備の理論が成り立たなかったのです。

それから三年ほど経った平成七（一九九五）年に、ドイツの連邦軍指揮大学に留学しました。

このころはまさに冷戦終結により世界の秩序が大きく変わり、ドイツも国防見直しの真っ最中でした。ＮＡＴＯの存在意義は、対ソ戦略上の軍事的防衛機構から世界にグローバル資本主義を広げる秩序執行機能へと転化しました。

それに合わせて、ドイツ軍では空挺連隊を解散してKSKという特殊部隊を作り、ドイツ単独でもNATO領域外まで積極的に派兵するようになりました。

こうした大きな国際情勢の転換を目の当たりにして、平成九（一九九七）年にドイツ留学から帰国し、その後配属された陸上幕僚監部[*26]でも特殊部隊の創設を提案したのですが、周囲の反対でなかなかうまくいきませんでした。

ストレートに企画書を持って行っても通らないことがわかったので、そのあとは色々工夫しました。

伊藤　工夫というと……？

荒谷　陸上幕僚監部では防衛部研究班に所属し、長期計画を担当していました。そこで「陸上自衛隊も時代に合わせて変えていきましょう」というコンセプト・ペーパーを作り、細部で特殊部隊について少し触れておく。その一方で上層部にはコンセプト・ペーパーの大枠を説明し、了承を得てしまう。その後、「あっ、そういえば特殊部隊も創ることになってましたね。ここに書いてありますよ」という感じです。

陸上幕僚監部から内局と言われる防衛局防衛政策課戦略室に異動したあとは「長期的防衛力の在り方」など、将来の国際情勢を分析し、将来の情勢に適応した防衛力見直しを担当しました。

その後、陸上幕僚監部防衛部防衛班で実際の防衛力整備に携わり、続いて防衛部運用課で実際の運用にあたり、最終的に特殊作戦群の指揮官に就任しました。

途中、これはいくら説明してもダメだと思うことが何度もありましたが、色々な人を巻き込むことで何とか特殊部隊の実現にこぎつけました。

伊藤　陸上幕僚監部で陸上自衛隊全体に関する長期整備計画に携わっていた荒谷さんが、部隊を具体化するところまでずっと担当できたことは、奇跡ですよね。おまけに荒谷さんの性格、態度であれば、普通は、危険視され弾かれますけどね。最後は初代指揮官に就任するわけですから、ほんとうに奇跡です。

荒谷　じつは特殊部隊が具体化してきて、誰が指揮官だという話になったら、それまで反対していたのに手を挙げる人がたくさん出てきたのです。

これを見て、「特殊部隊をよく知らない役人思考の人物が指揮官になったら絶対に特殊部隊はできない、ただの〝役人部隊〟になってしまう」と危惧しました。

そこで「陸上自衛隊初の特殊部隊は、わからないことだらけです。指揮官になる人には、グリーンベレーに留学してもらいましょう」と提案しました。

そうしたら急に誰も手を挙げなくなった。そこで「では、私が行きます」と言ったのです。

伊藤　グリーンベレーにいるのは、ほぼ二〇代ですからね。指揮官になるような四〇代にとっては、若

グリーンベレー留学時、パラシュート降下潜入訓練前のひとコマ

特殊作戦群創設前、米国におけるプライベート射撃訓練

い彼らと一緒の訓練は厳しいでしょう。二〇代の兵隊でも、泣きながら脱落していくようなところですから。

荒谷　私がグリーンベレーに行ったときは四二歳、階級は1佐でした。1佐は米国ではカーネル（大佐）になります。周りからは「なぜじじいがいるんだ？　ここはサージェント（下士官）[*27]かルーテナント（尉官）[*28]が来るところだ」と言われました。

自衛隊でいえば、若い陸曹か新人幹部。年齢も階級も、なんでこんな人間がここにいるのかと思ったでしょう。

伊藤　四二歳といえば、私が特殊部隊を辞めた歳ですから、驚きです。相撲で譬《たと》えると、新弟子検査に親方の同級生が来ているようなものでしょう。しかもカーネルといえば、部下が一〇〇〇人いてもおかしくない階級。それは目立ちます。

荒谷　グリーンベレーで学んだことは詳しく言えませんが、本当にキツかったです。

私がいた習志野の空挺部隊と同じように、グラウンドナビゲーション[*29]がありましたが、国土の広い米国はナビのポイントとポイントのあいだが一〇キロメートル近くあり、「スター」という通称のとおり、ポイントの設置場所を線でつなぐと星型になっているのです。

時間内に着かなければ失格、即帰国。自衛隊のような「がんばれ」や「ご苦労様」はありません。「おじいちゃんは早く帰ったほうがいいんじゃない？」「無理しないで」という雰囲気でした。

平成16年、特殊作戦群創設にあたり隊旗授与式における荒谷

試験はぎりぎりでゴールしました。選抜された体力自慢の若い米兵たちの半数近くが脱落するなか、日本から来た四二歳のカーネルが合格したことに驚かれ、「グリーンベレーには、大佐でお前みたいにやれるやつはいない」と称賛されました。

彼らは階級や年齢に関係なく、やりきった人間をリスペクトします。

伊藤　米国は基準をクリアすれば、どんな人間でも称えるシンプルさがありますよね。

かといって不合格でも軽蔑することもない。当時のグリーンベレーで「カーネル荒谷」は本当に衝撃だったんでしょう。何人もの米海軍特殊部隊のやつらに「『カーネル荒谷』って、知ってるか？」って聞かれました。

「凄くよく知ってるよ。だいぶ変だろ？」って言っておきました（笑）

それにしても歴史的な東西冷戦の終了を自分の目で見て、そこから生まれた特殊部隊創設という信念を、周囲の理解が得られない状況にあっても、諦めずに長い時間をかけて形にしたというところが本当にすごいです。結局創設まで何年くらいかかったことになりますか。

荒谷　特殊作戦群が創設されたのが平成一六（二〇〇四）年なので、ＣＧＳの卒業から数えると一五年くらいですね。それに比べると、伊藤さんがいた特別警備隊は本当にあっという間にできましたよね。

伊藤　特別警備隊は能登半島沖不審船事件の発生から九ヶ月後に準備室が設立され、その三ヶ月後には、隊員の教育が始まりました。

一期生の教育が修了した平成一四（二〇〇二）年三月二七日に実戦配備を宣言したので、事件発生から数えると約三年で実戦投入できる部隊を完成させたことになります。

当時、小渕恵三総理のもとで創設が決まった特別警備隊は、ほかの部隊の人員を削って新しい部隊を創るのではなく、海上自衛隊全体の定員を増やして創った部隊だったことも、あっという間の創設に繋がったと思います。

既存の部隊としては、人員を減らされたくないわけですから、人を出したがらない。特別警備隊の創設は、人員移動の調整が必要ない恵まれた環境でした。

荒谷　特殊作戦群は純増部隊ではなかったので、予算や人員をほかから持ってこなくてはなりませんでした――純増とは自衛隊の予算や人員枠のなかでやりくりするのではなく、該当する組織に必要なものは新たに用意できるということです。取られるほうは「まさかうちから持っていくんじゃないだろうな」と戦々恐々としていましたよ。どこの部隊も一番いいやつを出さないといけないのですが、一番いいやつは当然出したくない。一時的だったら貸すかもしれませんが、ずっとですからね。

最初はどの部隊も嫌がりました。場所もそうで、「まさかうちのところに創るんじゃないだろうな」と。

本当はヘリ部隊がある立川（東京都）や木更津（千葉県）がいいと思っていたのですが、特殊部隊なら空挺だろうということで、習志野（千葉県）になったのです。

伊藤　特殊作戦群は抵抗する部隊から人員を引っこ抜いてくるのですから、想像を絶する苦労があったと思います。

周囲の協力が得られないなかで、部隊を創り上げていった原動力は何だったのでしょうか。

荒谷　私の性格がひん曲がってるからでしょうね（笑）

困難に挑むことは、性格的に嫌いじゃなかった。でも一番は、日本には特殊部隊が必要だという信念があったからです。

いまどき一般部隊をたらふく持ってても仕方がない。海上自衛隊に特殊部隊ができたのであれば、陸上自衛隊にも創れるはずだと思っていました。

私のなかには「特殊部隊を創れるかどうか」という疑問はありませんでした。初めから「創ろう！」と決めていたのです。

伊藤　少し話が前後しますが、特別警備隊は平成一一（一九九九）年一二月、横須賀（神奈川県）に設けられた特別警備隊準備室からのスタートでした。大急ぎで取り組んだのは、装備品の予算要求、基地の設計および隊員の人選でした。

それは三ヶ月後には一期生の教育が始まることが決定済みで、数ヶ月後に控える予算審議に予算要求が間に合わなければ、極論を言えば部隊はできても、ただの野っ原にエンピツ一本もない、隊員しかいない部隊になってしまうからです。部隊が申請した予算を大蔵省（現・財務省）で説明するのは、普段デスクワークをしている市ヶ谷勤務の者です。彼らは艦艇や航空機に関しては問題ないのですが、私がリストに記した装備品は説明できませんでした。

それは彼らが見たこともなければ、触ったこともないものばかりだったからです。特殊戦で使う装備品なのだから当然ですよね。彼らは事前に一所懸命勉強してから説明に挑むのですが、無理があります。

特別警備隊は防衛庁（現・防衛省）内で予算を最優先する肝煎り部隊でしたが、大蔵省にとっては、そんなの知ったことではありません。「これじゃないとだめですか？　なぜ、そこまでの性能が必要なのですか？」と追究してきます。理由を説明できなければ、使えないものに変えられてしまうか、予算自体がカットされてしまうため、担当者が説明に詰まったら、私がすぐに行けるように待機していました。

こちらは能登半島沖不審船事件の現場にいて、そのための部隊の創設に関わっています。作戦については熟考に熟考を重ね、どういったものがいくつ必要なのかを考え抜いていますから、この世の誰がどんな質問をしても答えられます。

結果として、要求したものはすべて通りました。

大蔵省からすれば、血税を使うわけですから、簡単に予算を通しませんが、彼らは何でもかんでも却下しているわけではなく、納得できる明確な理由があれば、予算は通ることがわかりました。

＊19　能登半島沖不審船事件

平成一一（一九九九）年三月二一日、能登半島東方沖の海上から不審な電波発信が続けられているのを各関係機関が一斉に傍受した。これを踏まえ翌二二日、海上自衛隊舞鶴基地から護衛艦「はるな」「みょうこう」「あぶくま」が緊急出港した。既に海上を捜索していたP－3C対潜哨戒機が翌二三日早朝に不審船を発見、護衛艦と巡視船による追跡が開始された。追跡は夜まで及んだが不審船は停船せず、逃走を続けた。翌二四日には「海上保安庁の能力を超えている」と閣議が開かれ、海上自衛隊にとって初めての海上警備行動が発令された。

着弾ギリギリのシビアな警告射撃を重ねながら、猛スピードで北朝鮮の不審船――拉致された日本人が乗っている可能性があった――を追跡する「みょうこう」の航海長は伊藤。不審船は防衛識別圏境界近くまで逃走したが、突然停船した。「みょうこう」内部では、目の前の不審船内への立ち入り検査の準備が始まっていた。

立ち入り検査隊員は全部で二四名、メンバーは決まっていた。しかし彼らは実際に自分が立ち入り検査を行うとは思っていなかった。それは立ち入り検査の教育と訓練はこれからというタイミングで、隊員は船舶に乗り込む際に使用する拳銃に触れたことすらなかったからである。猛烈な警告射撃でも止まらずに逃げつづける北朝鮮の不審船には、高度な軍事訓練を受けている工作員が乗っている。さらに自爆装置が装備されている可能性もあった。航海長だった伊藤は、戦死が急に現実のものとして迫ってきた検査隊員の表情を間近で見た。

検査隊員の表情を間近で見るために食堂に行くと、集められた検査隊員の表情は暗くなかった。「きっと何かの理由で行かなくなる」。言葉で現実逃避し、明るく振る舞う隊員もいたという。しかしだんだん立ち入り検査の条件が整ってくると、彼らの表情は次第に暗くなった。船に乗り込んだ三〇分後に自分は戦死しているかもしれないと思えば当然だ。

指揮官の説明が終わったのは夜中。その後、個人装備品を装着する数分間のブレイクがあった。その間に指揮官は隊員に知人に挨拶をしてくるように言った。伊藤のところにも直属の部下である航海科員がきた。「自分に行く意味があるのでしょうか」と聞かれ、「いま、日本は拉致された日本人をいかなる犠牲を払おうと奪還するという意思を示そうとしている。日本がその国家意思を示そうとするときに誰かが犠牲にならなければならないとしたら、それは我々だ。そのために自衛官の生命は存在する。行ってできることをやれ」と答えると、ほっとした表情に変わり「ですよね、わかりました」と言い残し、部屋を去っていった。周囲は彼らを行かせたくなかったし、行かせるべきではないと考えていた。しかし立ち入り検査に向かう準備は容赦なく進んでいった。彼らを行かせたくないと思っていても、なぜかはっきりと「行かせるべきではない」と口に出す者はなかった。

ブレイク後、準備を整えて戻ってきた検査隊員の表情は一変していた。不安で暗かった表情が、自信に満ちた清々しいものに変わっていた。不審船に乗り込んだ瞬間に自爆装置で全滅、あるいは銃撃戦が待っているかもしれないのに、彼ら全員の顔に悲壮感はなかったという。伊藤は自分の死を受け入れたあとの澄みきった彼らの表情を、美しいとさえ感じた。彼らの表情に見とれながら、伊藤はこれは間違っていると強く思った。自分の死を受け入れることで精いっぱいの人間には、このような任務は向いていないからだ。

彼らの出撃の直前に不審船は動き出し、立ち入り検査は実施されることはなかった。不審船は北朝鮮の領海に逃げ込み、日本はそれを取り逃がした。

＊20　新世界秩序構築

この言葉に関する最初の公式な発言は、第二次世界大戦中のW・チャーチル英首相による「国民主権国家を廃絶し、世界政府の管理による恒久的な平和体制の実現が不可欠である」だが、ここでは冷戦終結後の「ポスト冷戦体制の国際秩序」を指す。一九九〇年九月一一日に、ときの米国大統領ジョージ・H・W・ブッシュ（父）が湾岸戦争前に連邦議会で行った「新世界秩序へ向けて（Toward a New World Order）」というスピーチでとくに注目された。

＊21　ベルリンの壁

冷戦時代、東西ベルリン境界上に四三キロメートルに亘《わた》って築かれた壁。東ベルリンから西ベルリンに脱出する人が続出したため、東ドイツ側が一九六一年に構築。東欧民主化のなか、一九八九年一一月に崩壊し、東西の往来が自由になった。その崩壊は東西冷戦終結の象徴となった。

＊22 CGS
（Command and General Staff Course）上級指揮官・幕僚の育成を目的として設置されている陸上自衛隊の教育課程、「指揮幕僚課程」。戦略的・戦術的知識および技能と、連隊規模の部隊運用に必要な統率力・判断力の付与を目的としている。教育期間は約二年。

＊23 幕僚
軍の司令官・総督などに直属して、参謀事務または副官事務に従事する者。

＊24 チェックポイント・チャーリー
東西冷戦下、ベルリンが東西に分断されていた時代に、東ベルリンと西ベルリンの境界線上に置かれていた「国境検問所」。チェックポイントは「検問所」の意。一九六一年から一九九〇年まで存在し、ベルリンの壁と並ぶ東西分断の象徴だったが、一部の東ドイツ市民にとっては自由への窓口として捉えられていた。

＊25 仮想敵国
近い将来に戦争の発生する危険が予想され、国防上作戦計画を立案しておく必

要のある国。通常は軍事ドクトリン（＝ある目標の達成に向けて軍隊の活動を調整しながら運用するための指針となる基本原則）や戦略・戦術、自国軍の編成・装備、教育・訓練のあり方について研究するうえで設定され、参考にされることが多い。

＊26　陸上幕僚監部
防衛省に置かれ、防衛大臣に直属する機関のひとつ。幕僚長の統率のもと、陸上自衛隊の防衛・教育訓練・装備・人事などに関する計画の立案、部隊の管理・運営などを行う。

＊27　下士官
士官・准士官と兵との間に位置する武官。自衛隊では陸曹、海曹、空曹。

＊28　尉官
陸海空軍の大尉、中尉、少尉の総称。士官の最下級で佐官の下、下士官の上。自衛隊では1尉、2尉、3尉。

＊28　グラウンドナビゲーション
コンパスを用いた地図判読により、特定地点から所望の地点に移動する技術。

どんな隊員を選んだのか

伊藤　特別警備隊に集める隊員の条件は、体力検定[＊30]、水泳能力検定[＊31]、視力、年齢でフィルターを通すことにしました。その基準は私です。私より体力、水泳能力が高く、視力もよく、年齢が若いことが条件になったわけです。ということは、私が最低の隊員になるようになっているわけです（笑）

これを海上幕僚監部[＊32]から、横須賀、呉（広島県）、佐世保（長崎県）、舞鶴（京都府）の各地方総監部[＊33]に送り、「合致している隊員の氏名、所属を調査せよ」となりました。

特別警備隊は秘密部隊という性質上、隊員の募集にあたって「どんな部隊で何をするのか」は、自衛隊内でも一切公言できませんでした。そのため募集を取り仕切る各総監部の人事課ですら、本人やその上司から勤務形態、処遇について質問されても一切答えられなかったのです。

募集要項を受け取った側は、かなり当惑したと思います。

じつは募集要項には視力と体力、年齢に加え、まだ条件がありました。それは「入隊を熱望する者」です。

募集に興味を持った隊員であれば、公式情報がほとんどなくても能登半島沖不審船事件のあとにできる部隊ということで、だいたいの任務の予測はついていたと思います。

勤務場所、勤務形態、給料など何ひとつわからなくても、「絶対に行かせてくれ」と言う人間しか必要ないと、私は最初から決めていました。

特殊部隊員になることは「希望」程度の情熱でできることではありません。「熱望」でなければ無理ですし、もし仮に隊員になれたとしても実場面で心が折れられたら取り返しがつきません。

その結果、処遇や手当などの目に見えるものより、目に見えない満足感や達成感のために生きようとする者が集まりました。

荒谷　特殊作戦群は「レンジャー[*34]と空挺の有資格者、そして体力検定一級以上」が選考検査を受けられる条件でした。

一般部隊でレンジャーと空挺、双方の資格を持つ隊員は少なく、一〇〇〇人中一〇人もいない。さらに戦車、特科[*35]、エンジニア、通信、衛生（准看などの資格保有者）部隊になると一〇〇〇人にひとりくらいです。そんな貴重な人材からの選考でも、三分の二は落としていました。

求めた資質は、ストレスに強いこと。それから自分で情報収集し、自分で考えジャッジできること。それから絶対にミッションを諦めないことですね。選考ではそこをチェックしました。

自衛隊には命令をきちんと実行できる人はたくさんいても、何をどこまでやるのかを自分でジャッジできる人は少ない。組織に噛みついてでも自分が正しいと思うことをはっきり言う自衛官は、「面倒くさいやつ」と嫌われます。

しかしじつはこういうタイプが特殊部隊に向いているのです。従順で素直な人より、ひん曲がっていたり、物事をいつも斜めから見たりする人ですね。

伊藤　そうですよね、うちも自衛隊の基準ではなかなか評価されないタイプが集まりました。なかでも一期生、二期生は、組織のはみ出し者ばかりでした。

彼らは、その人の価値を階級章ではなく、実行動力に求めるので、「階級が高いから自分は偉い」と思っている相手には、徹底的に嫌われます。階級章だけでは敬意を表さないからです。

訓練後、特別警備隊員と伊藤

普通の自衛官なら、荒谷さんのような階級を持つ人の前では姿勢を正して座り、目も合わせませんが、特別警備隊の隊員たちは至って普通にしていました。

荒谷　そういうやつがいいのです。そうでないと特殊部隊は務まりません。

例えば予想外のことが起きて作戦計画が台なしになった場合、大抵の自衛官は「予定と違います。どうしたらいいでしょうか?」と上司に指示を仰ぐでしょう。でも特殊部隊は「そんなこと自分で考えろ」という世界です。

先に伊藤さんも触れていましたが、孤立することが多い特殊部隊は、現場でオペレーションが始まったら計画を立て直せないことが多い。計画通りにならなくとも、作戦の目的を完遂するには何をすればいいのかを自分で考え、行動することが求められるのです。

上官への態度は、特殊作戦群も相当でした。

師団長などの将軍閣下クラスが視察に来ても、下士官の最も下の階級である3等陸曹の隊員はタメ口です。

「師団長、そんなことも知らんのですか?」なんて言うものですから、師団長のまわりについている偉い人は、その都度私に電話です。「荒谷のところの3曹が師団長に向かってタメ口をきいてたぞ。どういうことなんだ」と問い詰められ、一応じっくり話を聞きますが、最後は「3曹が言ってることは正しいですよね」で終わらせていました。

＊30　体力検定
海上自衛隊で実施されていた体力検定。

＊31　水泳能力検定
海上自衛隊で実施されている体力検定。年に一度実施される。平泳ぎと自由形の二種類一セットを五〇メートル×二本泳ぐ。「水泳能力検定一級」は、平泳ぎを四〇秒未満、自由形を三二秒未満で泳ぐ必要がある(二九歳までの男性の場合)。

＊32　海上幕僚監部
海上自衛隊の防衛や警備に関する計画の立案や部隊の管理、運営の調整に関す

る事務を司ることを任務とする機関。同様に陸上幕僚監部、航空幕僚監部もある。

＊33　**地方総監部**

海上自衛隊の地方総監部には、佐世保地方隊、呉地方隊、舞鶴地方隊、横須賀地方隊、大湊《おおみなと》地方隊の五つがある。ちなみに陸上自衛隊は方面隊で、北部方面隊、東北方面隊、東部方面隊、中部方面隊、西部方面隊に分かれている。

＊34　**レンジャー**

陸上自衛隊の「レンジャー養成訓練」をクリアした者だけが取得できる資格。レンジャーには厳しい状況に耐え得る責任感、体力、精神力が求められるため、養成訓練は苛酷。

＊35　**特科**

陸上自衛隊の職種のひとつ。諸外国陸軍や旧日本陸軍の砲兵に相当し、野戦特科と高射特科からなる。前者は火力戦闘部隊として大量の火力を随時随所に集中して、広域な地域を制圧し、後者は対空戦闘部隊として侵攻する航空機を要撃するとともに、広範囲にわたり迅速かつ組織的な対空情報活動を行う。

特殊部隊創設の〝理念〟

荒谷　日本で初めての特殊部隊創設にあたり、まず日本を愛する人間が、日本のために戦う部隊にしたいと思っていました。

自分が生まれ育った国を守りたい気持ちはごく自然なことだと思いますが、自衛隊のなかですら愛国心を語ると右翼と呼ばれて敬遠されることがあるのです。日本を守る意志をはっきり持つが故に肩身の狭さを感じている自衛官に、特殊部隊という活躍の場を創りたいという気持ちがありました。

もうひとつは、平時の枠組みを超えた活動ができる部隊が必要だということです。非常時には、役所が計画的に考えたことを遥かに超える、想定外のできごとが次々と起こります。平時の枠組みで予想される事態に対処できる能力しか備えていないとなると、非常時には使いものになりません。

法的な枠組みは守りつつ、非常時に役に立つ能力を見極め、訓練を通してそれを身につけさせることを重視しました。

最後は日本らしい部隊です。日本には武士や忍者など、長い歴史を持つ戦いの文化があります。

世界には高いレベルの特殊部隊がいくつもありますが、少なくとも特殊作戦群もグリーンベレー並みの能力は備えるべきだと考えていました。特殊作戦群に必要な能力を身につけたうえで、日本古来の価値観を加味することができたら、世界に類を見ない強い部隊ができるのではという期待もありました。

伊藤　私が常に意識していたのは、「向いている人間で部隊を創る」ということでした。

能登半島沖不審船事件では、拉致されていると思われる日本人を奪還するために、二四名の検査隊員が工作船に乗り込むことになりましたが、彼らは、立ち入り検査の訓練をただの一度もしたことがありませんでした。装備品も揃わず、訓練ができる状態ではなかったからです。

高度な軍事訓練を受けた北朝鮮工作員が待ち構える不審船に、訓練を一度もしたことのない者が乗り込んでいくわけですから、どんなに幸運に恵まれようとも日本人を奪還できるはずがありません。

それればかりか、不審船には自爆装置がある可能性が高いので、幸運に幸運が重なって奪還できたとしても彼らは自爆装置を起動します。要するに、任務を達成することも、生還することも絶対にできない状況でした。

しかし二四名は、その命令を受け入れ、防弾チョッキの代わりに厚いマンガ誌を腹に巻き、行こうとしていました。

彼らの心にあったものが日本人特有の従順さなのか、同調圧力[*36]なのかはわかりません。停止していた不審船が再び動き出したため、彼らは出撃できず、死ぬことはなかったのですが、これは、向いていない人間を行かせる間違った命令だと強く思いました。

彼らは、覚悟を決めた美しい表情で行こうとしていましたが、どうやって任務を達成するかは、考えようともしていませんでした。

世の中には、確実に死亡するような任務を与えられても、「死ぬのはしょうがないとして、どうやるかな」と考えることができる人間がいます。不審船への立ち入り検査はそういう人間にやらせるべき仕事でした。「特別な人生観」の者を集めて、「特別な道具」を持たせて、「特別な訓練」をしてから行かせるべきなのです。

政府が「今後は、いかなる犠牲を払ってでも、日本人を奪還する」と決めたのなら、この三つの「特別な条件」を備えた部隊を創設する必要があります。

だから、特別警備隊の隊員にはいつも「納得がいかないと思ったら断れ」と言っていました。これは訓練においても、作戦行動においてもです。

通常、軍隊においては、上官の命令を拒否することはできません。命令拒否や違反は厳しく処罰されます。それでもこう言ったのは、特殊部隊の隊員は命令ではなく納得で動かねばならないからです。

不審船事件で日本人を救うために、二四名に「死んでこい」と言った理由は何なのか。そこには「国民の生命、財産を守る」だけではない、〝大事な何か〟があったはずです。作戦行動をとれば、国民の生命も財産もマイナスになるわけですから。

この〝大事な何か〟を守る部隊は、長生きや金儲けという目に見えるものだけではなく、目に見えない、何かのために死ぬことを、自らの意志で選び、そこに喜びを感じるようなタイプの人間でなければできません。

そういう彼らが納得いかないのであれば、訓練にしろ作戦行動にしろ、それ自体が間違っている可能性があると考えていました。

＊35　**同調圧力**
特定の集団で意思決定や合意形成を行う際に、少数意見を持つ人が多数意見に合わせるよう暗黙のうちに強制するもの。会議で自分の意見が言えない、残業を断れないといった悩みの原因にもなる。

特殊部隊の〝設計〟

荒谷　自衛官の階級は幹部（3尉以上）、下士官（3曹〜曹長）、一般の自衛官

（士長以下）に分けられますが、世界に通用する強い特殊部隊を創るために、特殊作戦群は下士官主体で構成される必要があると思いました。

特殊部隊の隊員を育成するには何年もかかりますが、幹部は二〜三年で異動してしまいます。一般の自衛官には、銃の撃ち方もわからないような入隊したばかりの人も多く、この先ずっと自衛隊にいるかどうかも不明です。

そうなるとある程度の経験を持ち、且つ長い時間をかけて育てられるのは下士官になります。

伊藤　下士官を主体にというのは、うちも同様です。

だいたいどの国も特殊部隊は下士官で構成されていますね。

荒谷　特殊部隊はやることが多いからです。特殊作戦群が行く先は、山や海など、あらゆる場所を想定しています。そこでは映画『ランボー』のような戦闘行動だけでなく、モールス信号[*37]、暗号、衛星、ＩＴなど、通信は何でも使えなければなりません。

また現場で負傷者が出ても病院には行けませんから、医療行為ができる隊員も必要です。

さらに海外での活動は、語学もできなくてはなりません。

それぞれの教育に一年ずつかけても、ものになるまでには何年も要します。特殊作戦群の場合、三年間は教育をびっしりやっていました。

伊藤　海を主な舞台とする特別警備隊でも、一般部隊に比べるとやることが多かったです。特別警備隊では、二年間の教育期間を設けていました。

一年目は、一般部隊で学ぶことができるスクーバ、爆破、レンジャー、空挺などの技術を習得し、二年目は特殊部隊員としての専門教育を受けることになっていました。

それまで海上自衛官として、艦艇や潜水艦、航空機に乗っていた人間を空中・陸上・海中を自由に移動し、作戦行動をとれるようにするには、たくさんの知識と技術を身に付けさせなければなりません。また、それとは別に海上自衛隊に染まった隊員の意識を、特殊戦で通用するように変える必要もありました。

海上自衛隊の戦い方は、わかりやすく言うと〝乗り物戦争〟です。ひとつの乗

訓練に使用予定の標的と銃の確認をする伊藤

水中格闘訓練を隊員にする伊藤（中央）

り物が、あたかも生き物のように戦います。そこに頭はひとつ、それが指揮官です。それ以外の者は、人間で言えば目や耳に該当するセンサーや、腕や脚になります。センサー担当の者は、見たものを見たまま寸分違わず報告し、腕や脚を担当する者は、指示された動きを指示されたとおり、これもまた寸分違わず実行しなければなりません。

そのため海上自衛隊では、入隊したときから、自分の想像を報告に加味することや、指示された事項を現場判断によってアレンジすることは絶対にしない〝躾《しつけ》〟がなされます。

特殊戦は乗り物戦争ではなく個人戦争なので、入隊以来受けてきた海上自衛隊の躾や文化は足かせになります。指示されたとおりの行動を求められてきた隊員を、自分で判断し、行動に移せるように変える必要がありました。

隊員の意識改革はまだなんとかなりましたが、一番難しかったのは現場の様子を知りたがり、現場に指示したくてしょうがない上層部を黙らせることでした。

正直、最後までうまくいかず、私のところで無線のスイッチを切って遮断してい

ましたね……（笑）

荒谷　特殊作戦群の隊員も、「言われたことをきっちりやる」から「自分で判断し行動する」意識への切り替えが必要でした。

大半の自衛官は「自由にやっていいよ」と言われると戸惑い、「何か準拠を示してください。指示をいただければできるんですが」と言います。

命令を実直にこなすことを良しとする自衛隊の文化に慣れた隊員を変える……その第一歩は、自由にジャッジして行動できる環境づくりでした。

そこでは特殊作戦群に入隊する前から「俺だったらこうやる」という視点を持っていた隊員ほど、生き生きと意見を出し、訓練に取り組んでいきました。

伊藤　そこは特別警備隊も同様でした。「ここでは、自分で判断して行動していいんだ」と理解すると、まさに水を得た魚のように自由に泳ぎだしました。

荒谷　特殊部隊のようなこれまでになかった新しい組織は、まわりから理解され難く、ときに反発を買うものです。

そこで特殊作戦群では、陸上自衛隊内部において、特殊部隊をきちんと理解してもらうことを優先し、説明努力をしました。その役割を担うのは幹部でした。特殊部隊の「特殊」とはどういうことなのか、何ができてどういうときに使える部隊なのか。一般部隊とは運用が異なる特殊部隊を陸上自衛隊が活用するには、部隊の性質を広く理解してもらう必要がありました。

自衛隊という均一性が高い組織のなかに特殊部隊を創るというのは、組織文化のなかに異空間ができるということです。

異空間を積極的に認めてもらわないまでも、「あいつらはそういうものだから」と許容してもらう空気をつくるのが結構大変でした。

伊藤　たしかに特殊部隊は理解され難い側面を持っていましたが、特殊作戦群はその出で立ちからして目立っていましたね。共同訓練なんかで行くと、荒谷さんは、いつも私服。初めて出勤姿を見たときは、たしか白いTシャツに黒のデニムで、日本刀を持って歩いて門を通過してましたもんね。

同じ習志野にいる空挺団の指揮官は常に制服で、送迎の車に乗っていますから、荒谷さんとのギャップに笑いました（笑）

荒谷　ラフでしたから。空挺団は門に入るときもビシッとしてましたが、うちは「うぃーっす」とか言いながら、みんな何となく入ってました。

伊藤　我々はほかの部隊の協力を得て訓練をする際に、「特殊部隊だからって、特別扱いしてもらえると思うなよ」とよく言われましたね。

特別扱いを求める隊員などいないのですが、何か生意気に見えたり、いい気になっているように見えたんでしょうね。まあ、私の風貌、態度もだいぶ影響しているとは思いますけど（笑）

荒谷　そういうときはどうしたのですか。

伊藤　どうしようもないですもんね。ほかの部隊が特別警備隊の実情を知ってもなお反発心が消えないのなら、我々が間違っているのかもしれませんし。でも、隊員の実像を見せれば、納得・圧倒させる自信はありました。

そりゃそうですよ。隊員にやらせている私自身が「あんなこと、よくできるな」と思っているのですから……。

例えば海上自衛隊の艦に乗せてもらう訓練で、訓練内容を知られるわけにはい

伊藤が特別警備隊の隊員を連れて訓練で乗った護衛艦にて

かないのですが、完全隔離は不可能なため、乗組員は時々チラ見できるのです。

そこでは特別警備隊の二〇代のやつらが、泣きながら訓練している。一週間の訓練で毎日二時間くらいしか眠らせない、食事も満足に取らせない。艦の乗組員は食事を抜かれることが絶対にないのに、うちの隊員は食べられても一日一食、食べはじめたらすぐに号令がかかります。

「特警隊、配食やめ。体力錬成を行う。飛行甲板集合」

その様子を垣間見た乗組員は文句が減り、友好的、協力的になってくれました。


荒谷　実力で納得させるというのは同感です。

うちは面倒なことを言いそうな人間には、「秘密部隊ですから」と訓練を極力見せないようにして、隊員には「お前ら自由にやっていいけど、実力をつけろよ」と言っていました。

要するに文句を言わせない実力を早急につけろということですね。

きちんと実力がついてきたところで、特殊作戦群を運用する立場の人たち、例えば陸上幕僚長や事務次官、防衛大臣などに直接、その実力を見てもらうようにしました。

「このような実力のある部隊が運用できれば、役に立つでしょう？」「なるほど、これはいいじゃないか」というように。

新しい組織を全体に理解してもらうには、ボトムアップでじわじわと上手くやっていく方法もありますが、特殊部隊について一般の幹部自衛官全員に理解してもらうのは難しい。

中間管理職の幹部自衛官は、自分で決断できませんし責任を負いたくないので現行の基準に従わないものは認めません。ですから、自衛隊という組織のなかで、一般部隊とは違う特殊作戦群の特殊な編成装備や訓練を認めてもらうためには、組織のトップである陸上幕僚長に「これでいい」と言ってもらうしかありませんでした。陸上幕僚長が言えば、一瞬で変わりますから。

＊37　モールス信号
電信で用いられている可変長符号化された文字コードであるモールス符号──

短点（・）と長点（－）を組み合わせて、アルファベットや数字、記号を表現する――を使った信号。

特殊部隊の〝練兵〟

伊藤　部隊を育てていくなかで、どんなことを感じましたか？

荒谷　ゼロからのスタートなだけあって、部隊には毎日向上がありましたね。うちは下士官に自由にやらせていましたが、自分で考えて行動できるやつばかりですから、任せていても毎日少しずつ伸びているのがわかる。本当に楽しかったです。

伊藤　私は、ビビってました。

特別警備隊の訓練計画はすべて私が作成したのですが、それは当然危険なものばかりでした。事故が起きれば、即死亡です。

そうならないように常に細心の注意を払っていましたが、もし死亡事故が発生したら「なんで、こんなことができると思ったんだろう？　これをやろうとしたこと自体が間違いだった」という結論になるのではないかという恐怖が常にありました。

特殊作戦群の訓練計画は、荒谷さんがつくったのですか。

荒谷　特殊作戦群の訓練計画は、グリーンベレーの教育をベースに私が作成しました。グリーンベレーに留学し、秘密度の高い訓練をしたのは私だけですから、訓練内容は細かく指示しました。

伊藤さんが言うように特殊部隊の訓練は危険なものが多いので、あってはならないことですが、私の在任中に何人か死ぬだろうと覚悟をしていました。

伊藤　訓練で何を課すかは、加減が難しいですよね。事故は慣れてきたときに起こることが多いですし。

荒谷　慣れると危ないので、慣れてきたなと思ったらさらに難しいことをさせていました。射撃に慣れてきたら歩きながら撃つ、その次は電気を消して撃つなどです。

新しいことをさせると緊張するので、あまり事故を起こさない。

伊藤　荒谷さんに緊張感を高める方法をアドバイスされたことがありました。

　撃つべきターゲットと撃ってはいけないターゲットが混在した実弾射撃訓練において、特別警備隊は両方とも紙でできた的を使っていました。

　あるときグリーンベレーから帰国してその訓練を見ていた荒谷さんに「撃ってはいけないターゲットは、紙ではなく人のほうがいい」と言われました。自衛隊にはない発想でしたね。


荒谷　特殊作戦群の訓練では、ほかの部隊に時々協力を仰ぎましたが、訓練内容を理解してもらうのが難しいケースに遭遇しました。

　特殊作戦群には、ヘリコプターから海上にボートを落とし、そこに降下した人間が乗り移るキャスティングという訓練があります。

　陸上自衛隊のヘリコプターは塩水で機が腐食するのを嫌って、海上近くを飛ばないのですが、「霞ヶ浦（茨城県）ならなんとかできる」というので頼みました。

　事前に「こんな感じに飛んでほしい」と説明するために、他国の特殊部隊の訓練映像を見せていました。ヘリがランプドア[*38]を海面につけるほど降下し、機体が激しく海水を被っていたので、映像を見れば見るほど陸上自衛隊のパイロットは嫌がりました。

水面ギリギリで飛んでもらって、隊員が次々に降りるイメージで訓練を始めたら、ヘリはずっと一〇メートルぐらいのところを飛んでいる。「何か予行してるのかな？」と思っていたら、「ここから飛び降りてください」と言うのです。

こんな高さから飛び降りたら、隊員は霞ヶ浦の泥のなかに突き刺さって出てこられない。「ヘリより隊員の命が大切でしょう」と食い下がって、何とか高度を下げてもらったりしました。

実務に基づいた発想で訓練をするグリーンベレーとは、だいぶ違うと思いました。

伊藤　米兵が持っている技量に感心することは、ほとんどありませんが、ヘリパイだけは巧いと思ったことが何度もありますね。

荒谷　ところで隊員とのコミュニケーションはどうでした？

伊藤　まあ、朝から晩まで、毎日毎日一緒に過ごしてますから、これと言って変わったことはしませんでしたが、敬語を禁止にしてみました。

敬語の存在が、自由な発言、ひいては自由な発想を妨げるような気がしたのです。私自身が作戦行動をする隊員のなかで階級も年齢も一番上で、部隊創設のきっかけになった事件の現場にいたので、裸の王様というか、私の意見を否定したり、気になる点を指摘したりすることを躊躇《ちゅうちょ》する雰囲気になるのを避けたい気持ちもありました。

荒谷さんがびっくりするくらい行儀が悪い彼らでも、敬語を止めることは難しかったですね。私は特別警備隊に足かけ八年いましたが、隊員のなかで敬語を使わないようになったのは全体の五%くらいでした。

難しいものだと思いましたが、よく考えたらその五%は最初から私に敬語を使っていなかったので、あまり意味のないルールでしたね（笑）

荒谷　その五%というのは、やはり優秀だったんですか。

伊藤　自衛隊の勤務成績は最低ですが、特殊部隊では非常に優秀でした。

彼らはアイディアばかりではなく、それが最善の方法だと考える理由を理路整然と短い言葉で説明する能力も高かったです。

敬語を使わないタイプは、構えや気負いがないのかもしれません。本人は普通に考えて、普通に発言しているだけなのでしょうが、あれだけ自由な発想ができてそれを説明できるのは、透明な心で物事を見つめ、邪心なく考えることができるからだと思います。

荒谷　うちも隊員とはフラットなコミュニケーションになっていました。

ご存じのように通常、自衛隊のなかでは、秘書を通じてアポイントを取らないと指揮官には会えません。何月何日の何時から何時と決まった時間だけ、指揮官がいる部屋に入れるのです。

ところがうちは「うぃーっす。入っていいっすか〜?」とか言いながら、隊員がふらっと私の部屋にくる（笑）。こちらも机に座ったまま「あぁ、いいよ〜」と言うと、「あのですね〜、これやらないと駄目だと思うんですよね」と言って書類を持ってくるのです。

書類は訓練内容に関する提案なのですが、その内容を見て「まぁそうだよな」と思ったら、三科長*39という特殊作戦群の作戦幕僚を呼び、訓練実施に向けて関係各所を調整させます。そこからはだいたいとんとん拍子。

特殊作戦群では階級に関係なく、提案を持ってきた人間に任せるようにしていました。現場を知る人間がプランニングすべきと思っていたからです。

初めて創設される部隊ですから、特殊部隊を最も知っているのは現場の隊員です。訓練内容は彼らが提案したほうが、現実的で良いものになると確信していました。


伊藤　自衛隊のなかでは、聞いたことがない話ですね……。自衛隊の組織の仕組みを知らないとなかなか伝わりませんが、3曹が1佐である部隊指揮官の群長のところに「ちょっといいっすか～？」と言って入っていくなんて、普通はありえないことです。

群長の荒谷さんと隊員は、先任[*40]小隊長である私と隊員の距離より遙かに離れている関係です。会社でいうなら、役員室に新入社員が「ちょっといいっすか～？」と入っていくような感じですからね。

共同訓練で何度か訪れた外部の私から見ても、荒谷さんと隊員たちとの間に壁がないのは驚きでした。

荒谷　込み入った話のときは、「じゃあ今夜俺ん家に来い」と言うと飲みにくる。

当時、駐屯地に近い所にある官舎に住んでいたのですが、ほぼ毎日誰かが来て「あぁせんといかん、こうせんといかん」と真面目に語り合っていました。

伊藤　私もお邪魔したことがありますが、荒谷さんの官舎の部屋にはいつも一升瓶が二〇～三〇本、ずらっと並んでいましたよね。

荒谷　みんなものすごく飲む。途中で弾（酒）が切れたら戦闘（議論）を継続できませんから。弾薬はつねに余裕をもって確保していました。

伊藤　そう言えば、特別警備隊は食事を一緒にとることを大切にしていましたが、これがコミュニケーションに役立ったかもしれません。

訓練だけでなく生活の面でも同じ時間を過ごすことで、仲間が何を考え、何をしようとしているのかがわかるようになるものです。

例えば数人でレストランに入り、注文する前にトイレに行って席に戻ると、食べたいものが注文されています。相手がその日の食べたいものがわかるのは、一緒に食事をしたときの記憶が、気温や場所、相手の体調とともに蓄積されているからです。

　夫婦生活が長いとそうなると聞きますが、こっちは夫婦より長く一緒に過ごしますし、死ぬときは一緒ですから当たり前ですけどね。

　そういえば荒谷さんは、特殊作戦群の競技会にも隊員に交ざって参加してましたよね。


荒谷　特殊作戦群には相撲や山を走るような、体力を競う大会がいくつもあるのですが、そういうものにはすべて出て、隊員と勝負してましたね。

　まあ問答無用で全員参加の大会でしたから、防衛医科大学[*41]を出た医官[*42]も参加。安全対策の医師としてではなく、選手として出る。そうすると、その医官をアサルター（戦闘員）の隊員が遠慮なしにボコボコにする。医官もなかなか「マイッタ」と言わないものだから、さらに強烈にボコボコにされて、頭がバスケットボールのようにバウンドしている。

　心配になって、審判の三科長を見ると「もっとやれ！　もっとやれ！」と檄《げき》を

飛ばしているといった状況でした（笑）

伊藤　群長自ら大会に参加して隊員と勝負してるのですからね……。私は「この人、頭がおかしいんじゃないか」と思いました。まあ、そのときだけじゃないですけど（笑）

荒谷　本当の実力集団では、群れのなかで喧嘩《けんか》して一番強いやつがボスになるものだと思うのです。

自信があるやつほど、ボスを「本当にこいつ使えるのか？」と疑っています。ボスが集団を掌握しつづけるには、彼らと戦って「おっ、結構やるじゃん」と思わせないといけません。

部隊では勝負を通じてお互いの実力を確認し、お互いに認め合って親しんでいくようにしていました。

伊藤　特殊作戦群の隊員は荒谷さんより二〇歳くらい若いですよね。そいつらと競って勝つのですから、すごいですよ。

部隊の能力を評価する定期的な対抗戦でも、荒谷さんは統裁官ではなく、自分が指揮官役のプレイヤーとして参加してましたよね。部隊指揮官が負けるのを、そのとき初めて見ました。

荒谷　みんな本気でやってますから、私が負けることもあります。

対抗戦は、わかりやすくいうと紅白試合。

例えばイラク派遣を想定した対抗戦では、テロリスト役と自衛隊役に分かれて戦います。テロリスト役は事前に入念に準備して仕込んでくるので、ものすごく強いわけです。

伊藤　通常、演習などで相手が連隊長以上になると、絶対負けないように周囲が忖度《そんたく》します。

海上自衛隊の図上演習*43では、最初からどちらが勝つか決まっていることもあります。接待ゴルフとそっくりです。接待されるほうは絶対に負けない。

でも荒谷さんのところはそんなの一切なかったですね。

荒谷　真剣勝負をすると、実際はこんなものだということがよくわかります。

射撃などの個々の能力がいくら上がっても、オペレーションが成功するとは限らないのです。
対抗戦は、いまの自分たちに足りないものを知る場でした。
対抗戦の結果から、何をどうすればオペレーションがうまくいくのか。誰かに言われてやるのではなくて、自分たちで結果を評価し、何をすべきか考え、能力を高めていくことをひたすら繰り返していました。

伊藤　荒谷さんのところは三〇〇人。うちの二～三倍の隊員がいたので、対抗戦もそれなりの規模になっていましたよね。
詳細は言えませんが、お互い訓練を見学し合うなかで「特殊作戦群は普段こんなことまでしているのか」と驚くことがたくさんありました。そのベースには、荒谷さんが留学したグリーンベレーでの経験があったのだと思っています。

荒谷　特殊作戦ができる隊員を探し、実力を養成するのは大変でした。いたずらに隊員の数を増やしても質が落ちてしまう。
グリーンベレーでも感じましたが、特殊部隊の戦闘員を育てるのはどの国でも苦労しているようです。

＊38　**ランプドア**

主にヘリコプターや輸送機に設置されるドア。機体後部に設けられることが多く、物資などの搭載が容易となる。

＊39　**三科長**

陸上自衛隊の連隊（群）本部の主要な機能は、一科「総務・人事」、二科「情報」、三科「訓練・作戦」、四科「兵站《へいたん》・補給」の四つに分かれる。三科長は「訓練・作戦」を担う三科幕僚のトップ。

＊40　**先任**

自衛隊において、同じ階級の者が同じ職場にいる場合、序列（階級よりさらに細かい順列）の高い者を先任という。

＊41　**防衛医科大学**

埼玉県所沢市並木三丁目二番地に本部を置く日本の省庁大学校。将来、医師である幹部自衛官として必要な人格および識見を養い、また自衛隊医官に対して自衛隊の任務遂行に必要な医学についての高度な理論、応用についての知識と、これらに関する研究能力を修得させるほか、臨床についての教育訓練を行うことを目的として設立された。六年間の教育訓練と学生舎での規律ある団体生活を通じて、医師としての知識や能力のほかに、生命の尊厳への理解やあらゆる任務を遂行できる強靱《きょうじん》な体力も養う。医師であり、かつ幹部自衛官としての重責を担っていける資質を備えた人材の育成を担う。

＊42　医官
医師の資格を有する陸、海、空、各自衛隊の幹部自衛官。所謂《いわゆる》軍医。

＊43　図上演習
状況を図上において想定したうえで作戦行動を再現して行う軍事研究。自衛隊では「指揮所演習」と呼ばれる。兵棋演習。

日本人の文化や特性がにじみ出る特殊部隊

伊藤　特殊部隊という共通点で各国の部隊を眺めると、色々なことが見えてきます。私は日本人ほど特殊部隊に向いてる人種はいないと思いました。

その理由として、まず日本人は器用。孤立を前提とし、何でも自分でやらなくてはならない特殊部隊には必要な素養です。

それから中間層の厚さ。日本にいるとわかりにくいのですが、海外には「どうなっちゃってるんだ」というような、理性も常識も社会性のかけらもないような人が結構いますが、日本はそういうタイプが極端に少ない。

優秀な人は諸外国と同じような比率だと思いますが、日本は平均点の人間が多い。中間層をボトムとして組織を創れることは、大きなアドバンテージです。

自分で見て自分で決めて、自分で動く発想をこの中間層が持つようになれば、強い組織になるのは当然です。

この中間層の厚さというのは、特殊部隊だけでなく一般部隊にも影響を与えています。きちんと組織行動ができる層が厚いというのは、軍隊にとってものすごく大切なことです。

荒谷　いま、世界の特殊部隊は似たような組織、似たような武器、似たような戦術を使っているので、外見はどこも似ていると思います。

ではは日本の特殊部隊はどうなのかと言えば、その特徴が表れるのは精神的な部分になる。固有の文化が、その国の特殊部隊を創る側面があります。

わかりやすい例を挙げれば気遣いです。気遣いは日本人の独特の文化で、米国人にはあまり見られません。

例えば「お茶飲む?」という言葉。日本人なら「今日は寒いから、熱いお茶を出そう」とか、自然に相手の気持ちを読みますが、米国人にはそういうセンスはありません。

米軍の兵隊も、敵にどうやって恐怖を与えるかは考えても、相手が何を考えているのかは気にしていないのです。

気遣いは、特殊部隊に非常に役立ちます。少人数の部隊で大きなことをする特殊作戦では、敵の心理状態を読み解いて、そこから攻めていきます。

日本にはそういう目に見えない戦力があるのです。

伊藤　敵の心理状態を摑むのは、作戦の基本中の基本ですもんね。摑んだうえで敵の心理状態をこちらの都合のいいようにコントロールしたいわけですから……。

それは、日本人が得意な忖度《そんたく》や気遣いに通じる部分が大いにあると思います。

荒谷　日本人は死生観にも独自のものがあります。

現代に生きる日本人の死生観は、昔の人に比べると鈍化していると感じますが、それでもまだあちこちに残っています。

日本人には、「国のために死んでもいい」と本心から思っている人間が意外に多い。戦いのなかで、命を捨てることを自然に意識できる死生観があるのです。

どこの国の兵隊も「国のためなら死にます」と普通に言うものだと思っていましたが、意外に言いません。

どの国も死ぬことを前提にする戦い方は考えませんし、選びません。

これが米国の特殊部隊の連中なら、国ではなく「チームのために戦う」と言います。彼らはチームが生き残ることで、使命を果たしつづけることを重視しているのです。

伊藤　私が海外の軍人に「海ゆかば[*44]」の歌詞を説明すると、もの凄く引きます。

真剣に「クレイジーだ！」と言いますもんね。

歌詞の「海に行ったら死体だらけ、山へ行っても死体だらけ、でも後悔はしません」は、外国人だと軍人ですらドン引きします。これを日本では一般の人も歌っていると言うと、もう完全に彼らの理解の外側にいっちゃいますね。

荒谷　「海ゆかば」では、「俺たちは全滅しても戦いに行く大丈夫《ますらお》＊45（＝益荒男《ますらお》）なんだ」と言っている。自分の命を捨てても、仲間と一緒に全滅しても、自分たちの死の先に何か大切なものが残ると考えているのです。

伊藤　先の大戦の特攻もそうですが、いざとなれば多くの国民が同胞のために命を捨てて敵に立ち向かうというのは、欧米人にとって理解できない価値観なのでしょうね。

「それをやったら戦《いくさ》にならないだろ」「勘弁してくれ」という驚きが、「クレイジー」という言葉で表現されたのではないかと思います。

荒谷　例えばドイツなどでは、たとえ軍隊であっても、死を前提にした命令は出してはいけないことになっています。兵隊もそんな命令はないという前提でやっています。不幸にも死んだ場合は、訴訟問題になりかねない。

ところが日本人の場合、公共のためなら仕方がないと、自ら命を捨てる覚悟ができる人が結構いる。

危険な場所で仕事をして死んでも、日本とドイツではそこに至った心理状態は大きく違うのです。

集団に対する自己犠牲を是とし、それが文化になっているのは独特です。それを持たない文化圏の人間からすれば、恐怖すら感じるでしょう。こうした性質は、日本の特殊部隊ににじみ出るものだと思います。

＊44　海ゆかば

信時潔《のぶとききよし》が昭和一二（一九三七）年に作曲した国民歌謡・歌曲（戦時歌謡）。大《おお》伴家持《とものやかもち》による『万葉集』巻十八「賀陸奥国出金詔書歌」から、歌詞は抜粋されている。その歌詞は以下。

〈海行かば　水漬《みづ》く屍《かばね》

山行かば　草生《くさむ》す屍
大君《おおきみ》の　辺《へ》にこそ死なめ
かへり見はせじ
〈長閑《のど》には死なじ〉

現代語訳は以下。
〈海に行ったならば　水に漬かった屍《しかばね》になり
山に行ったならば　草の生えた屍になって
天皇陛下の近くで死のう
後悔などしない
穏やかに死ぬことはない〉

＊45　大丈夫
立派な男。朝廷に仕える官僚。強く勇ましい男子。「益荒男」とも記す。

第二章　ふたりの〝異端〟自衛官

自衛隊との出合い

伊藤　子供のころから走るのが速かった私は、高校では陸上部に所属していました。陸上競技の特待生として日本体育大学に入学し、卒業後は、茨城県にある高校の体育教員として就職が決まっていました。

大学時代はグラウンドと合宿所を往復する生活を送り、全然勉強していなかった私にとって、教師の職に就くことができるのは非常にラッキーなことでした。あまり素行が良くなかった私でも、教師になってしまえばみんなと同じようにまっとうな人生を歩むことができる。そして将来は、高校時代に尊敬していた陸上部の監督のような教員になりたいと考えていました。

ところがどういうわけか、ある日突然、教員がつまらなそうだと感じはじめたのです。

教員になったら、自分より年下の高校生に上から目線でギャーギャー叱るだけで、人としてゆがむんじゃないかという気がしてきました。そんな人生どう考えたって不完全燃焼ですよね。そんなとき、ふと母方の祖母に言われた言葉を思い出しました。

「あんたは可哀想だね。あんたみたいな身体だけが丈夫な悪い子は、昔はみんな予科練[*1]に行ったもんだよ。

そこで世界最高の戦闘機に乗れるようにしてもらって、最高のスピードを感じて、ちゃんと躾《しつけ》もされて、女学生に一番モテる服を着て、お国にご奉公ができたんだ。

予科練は優秀な人ばかりと思われているけど、あんたと一緒でみんなそこらへんの愚連隊みたいなのが行ったんだよ。だからみんな予科練じゃなくてヨタ練と呼んでた。

いまはあれがないからね。そりゃバイクに乗りたくなるだろうね」

祖母は明治四一（一九〇八）年生まれで、軍人だった父や兄を誇りに思っていて、よくふたりの話をしてくれました。

祖母の言葉を思い出し、「軍人という道があるのか」と思いました。軍人といえば自衛隊。当時自衛隊についてはよく知りませんでしたが、そこなら不完全燃焼だけはないだろうと考え、行くことを決めました。

荒谷　私は世の中のためになる仕事に就きたいと思っていました。

私が生まれ育ったところは、秋田県の田舎でしたから、社会のためになる仕事と言えば土建屋かなと考えていました。

当時はバブルまっさかり。公共事業を担うのが土建業と思っていましたが、じっくり観察していると、どうも土建屋がやっているのは民間の収益事業が多く、世の中のためになっていないのではないかと感じたのです。

自衛隊に入隊するきっかけになったのは、ある人の言葉でした。

私が東京理科大学の学生だったとき、鹿島神流の稽古で明治神宮にある武道道場（至誠館）[*2]に通っていました。そこで武道の指導をしていた大学の先生に、道場に連れて行かれたのがきっかけでした。

あるときその先生に「ちょっとついてこい」と言われ、島田《しまだ》和繁《かずしげ》先生のところへ行きました。音を立てずに玄関を開けろと言われ、その通りにすると、島田先生にいきなり刀をぐっと首元に突き付けられ、「貴様、何奴」と言われたんです。

びっくりしながらも「貴様、何奴」って、ここは江戸時代か！　と思いました。案内してくれた先生が私の横から、「へい！　西村でござんす！」と答えると、「うむ、貴様か。なかに入れ」と。

恐る恐る島田先生の家に入り緊張して正座していたら「お前は軍人の顔をしている。自衛隊に行け」と言われました。初っ端に首元に刀ですから、もう「ハイ！」と言うしかないですよ（笑）

伊藤　それは強烈ですね（笑）

荒谷　島田先生は学習院中等科の教員で、今上陛下、秋篠宮殿下の日本史教育を担当していた方です。

家庭教師として陛下の部屋を訪れたとき、壁に貼ってあったタレントのポスターを全部ビリビリッと剝がして窓から捨て、座卓をポンとひとつだけ置いて「殿下、これで勉強に集中できます」と言ったエピソードを伺いました。

戦時中は海軍軍人として華々しく散ろうと思っていたら、終戦になってしまった。敗戦後、ＧＨＱ[*3]の占領下で国旗掲揚が禁止されているときに、背中に国旗を纏《まと》って歩いていたような人です。

もう亡くなっていますが、もしいま先生が電車に乗ったら、乗客の半分はボコボコにされるのではないでしょうか。足を組んでいたり、だらしなく座っていたり、ベラベラ喋ってうるさかったりしたら、まず殴ってから「コラッ、貴様、それでも日本人か！」と叱りますね、間違いなく。


伊藤　その方のように、日本が戦争に負ける前の価値観を持ちつづけた大人が、昔はたくさんいましたよね。

私が自衛隊に入るきっかけになった祖母も、入隊の日の朝は「尾頭つきにお酒をつけなさい」と母に命じ、私が家を出るときには「女々しいことをするくらいなら死を選びなさい」と言いましたもんね。

いまではびっくりされる言動ですが、あの時代の人にとってはごく自然なことなのでしょうね。

荒谷　島田先生の奥様もそんな感じでした。

昭和三五（一九六〇）年ごろだと思いますが、アイゼンハワー大統領*4が日米安全保障条約*5の更新で来日し、それを昭和天皇がお迎えすることになっていました。当時、安保改定反対運動*6で極左学生運動が最高に盛り上がっていたため、陛下の御身が案じられました。そこで葦津《あしづ》珍彦《うずひこ》*7先生の呼びかけで島田先生は決死隊を編成し、当日の朝は白装束・白鉢巻で奥様と水盃《みずさかずき》*8を交わし、極左の連中が集まる羽田空港に向かいました。

結局治安の悪化を懸念してアイゼンハワーは来日せず、陛下もおいでにならず、島田先生は生きて帰宅しました。

すると奥様に「あなたは今朝水盃を交わして、今生の別れと言って出て行きましたよね。よくもおめおめと生きて帰って来られましたね」と言われて、「スマン」と返したそうです。

伊藤　それは、厳しいですね。先生のような性格の方は、「おめおめ」って、一番言われたくない言葉でしょうね。しかも奥さんから（笑）

ところで荒谷さんは大学時代、どんな学生だったのですか。

荒谷　大学では土木工学を専攻し、衛星から地球上にある様々なものを調べるリモートセンシング[*9]を研究していましたが、その傍らで島田先生と同じように、極左と闘っていました。

大学で「三島由紀夫研究会[*10]」とか「陽明学研究会[*11]」と書いたポスターをつくり、極左の大きなポスターの上にベッタリと貼るのです。まあ「会」といっても、私しかいませんけどね（笑）

するとポスターの異変に気付いた極左の連中が「反動分子！」と攻撃してくるので、「なんだ、この野郎！」と反撃していました。

伊藤　当時は東京理科大学でも、極左運動が盛んだったのですね。

でも荒谷さんは極左にならなかった。

荒谷　極左が言ってることがおかしいと思ったのです。

成田闘争[*12]で「成田のお百姓さんが土地を取られているから助けに行く」と聞き、「それなら自分も行かねば」と現地に行ったら、待ち構えていた機動隊にボコボコにされました。

ところが機動隊にやられるのは前線に集められた学生だけで、指示した連中はそこにいない。おかしいですよね。

ぼろぼろになって大学に戻り、「動員した人間はどこに行ったんですか？」と尋ねると、「我々は指導的立場だからどうのこうの」と言う。「なんだこいつら」と腹が立ちました。

ここで覚えた違和感がきっかけとなって、思想を学ぶようになったのです。

三島由紀夫を読んだときは、「極左の学生指導者より、こっちのほうが真面目だ」と思いました。

＊1　予科練

「海軍飛行予科練習生」、またはその制度の略称。一四歳半から一七歳までの少年を全国から試験で選抜し、搭乗員としての基礎訓練を行った。昭和五（一九三〇）年に教育を開始し、終戦までの一五年間で約二四万人が入隊した。

＊2　至誠館

明治神宮にある綜合武道場。弓道科・柔道科・剣道科・武道研修科（合気道と剣術等）に加え、武学講座と青少年自然塾を設けている。

＊3　GHQ

（General Headquarters, the Supreme Commander for the Allied Powers）連合国軍最高司令官総司令部。大東亜戦争が終結したあと、昭和二〇（一九四五）～昭和二七（一九五二）年の七年間、日本でポツダム宣言執行のための占領政策を行った。司令官は米国のダグラス・マッカーサー元帥。

＊4　アイゼンハワー大統領

米陸軍元帥で第二次世界大戦の英雄。合衆国第三四代大統領（一九五三～一九六一）。一八九〇年、米国テキサス州で生まれる。一九一五年、陸軍士官学校（ウェストポイント）を卒業。陸軍大学を経て、一九三二年、陸軍参謀総長マッカーサーの副官となる。一九三五年から一九三九年まで、フィリピンで現地軍の育成にあたった。第二次世界大戦で北アフリカ方面軍司令官として勲功をたて、一九四三年、ヨーロッパ連合国軍総司令官に任命される。一九四四年、ノルマンディー上陸作戦を指揮、フランスを解放した。同年、元帥に昇進、翌年陸軍参謀総長となったが、一九四八年に退役。一九五二年の大統領選挙共和党候補となり、大差で勝利。

＊5　日米安全保障条約

昭和二六（一九五一）年、日本が主権回復したサンフランシスコ平和条約と同時に調印された、非武装日本の安全保障のために米軍の日本駐留を定めた条約（日米安保条約）。当初は、日本が米軍に基地を提供する一方、米国が日本を防衛する義務は明記されない「片務的」な内容だった。昭和三五（一九六〇）年、当時の岸信介総理主導のもと「安保改定」が行われ、日米の相互防衛体制を明文化した。これにより、米国に日本防衛の義務が課されたことになる。一九九一年のソ連崩壊で東西冷戦が終わると、日米安保条約の意義が問われるようになった。日米両政府は平成八（一九九六）年、条約の役割を「アジア太平洋地域において安定的で繁栄した情勢を維持するための基礎」と位置づけた。念頭にあったのは北朝鮮と中国。現在、条約は自動延長方式だが、日米いずれか一方の意思により、一年間の予告で廃棄できる旨を規定している。

＊6　安保改定反対運動

日米安全保障条約（日米安保条約）に反対する大規模デモ運動。昭和三四（一九五九）～昭和三五（一九六〇）年、昭和四五（一九七〇）年の二度に亘《わた》って展開された。安保闘争とも呼ばれる。前者は日米安保条約の改定に反対して展開された運動。昭和三五年五～六月に最高潮に達した。とくに同年五月一九日国会の与党だけの強行採決後には、連日国会に抗議デモが押し寄せた。また六月一〇日には、アイゼンハワー大統領訪日の協議で来日したハガチー大統領新聞係秘書が、羽田空港周辺のデモ隊に車を包囲され、海兵隊のヘリコプターで救出される事件が発生（ハガチー事件）。同月一五日には国会議事堂正門前で全日本学生自治会総連合（全学連）と機動隊が衝突し、デモ参加者である東京大学学生の樺美智子《かんばみちこ》が圧死する事件が起きた。翌日にアイゼンハワー大統領の訪日は中止となった。

昭和三五年の「安保改定」では、期限は一〇年とされ、以後は一方が終了意思を通告すれば、一年後に失効すると定められた。昭和四五年の期限切れに当たり、延長を阻止して条約破棄を通告させようとする「七〇年安保闘争」が展開された。対して政府は条約を堅持する声明を出し、以来自動継続されている。

＊7　葦津珍彦

明治四二（一九〇九）年〜平成四（一九九二）年。神道思想家。民族派の論客。福岡県生まれ。生家は神職。国学院大学、東京外国語学校（現・東京外国語大学）、福島高等商業学校（現・福島大学）に入学するが、いずれも退学。戦前は日独伊三国同盟に反対した。戦後は神社本庁設立に尽くし、神社新報社主筆となる。主な著書に『日本の君主制』（神社新報社）『武士道』（徳間書店）『国家神道とは何だったのか』（神社新報社）などがある。

＊8　水盃

今生の別れになるとき、酒のかわりに盃に水を注ぎ、互いに飲み交わすこと。

＊9　リモートセンシング

対象物に触れずに、離れたところから物体の形状や性質を観測する技術。人工衛星や航空機、船舶や車両、ドローンなどに搭載したセンサーで物体の識別を行う。

＊10　三島由紀夫

日本の小説家、劇作家、評論家、政治活動家。大正一四（一九二五）年、東京生まれ。本名は平岡《ひらおか》公威《きみたけ》。昭和二二（一九四七）年、東京大学法学部を卒業後、

大蔵省に勤務するも九ヶ月で退職、執筆生活に入る。昭和二四（一九四九）年、『仮面の告白』を刊行。主な著書に『潮騒』『金閣寺』『サド侯爵夫人』などがある。

昭和四三（一九六八）年、左翼勢力の間接侵略――内乱など国家の安定を内部から崩そうとする動きに対する、外部からの不法な支援――に備えるための民間防衛組織として、楯の会を結成。日本の伝統と文化の死守を目的とした。

昭和四五（一九七〇）年一一月二五日、『豊饒の海』第四巻「天人五衰」の最終回原稿を書き上げたあと、楯の会メンバーとともに自衛隊市ヶ谷駐屯地を訪れ、バルコニーでクーデターを促す演説（檄《げき》全文を左に掲載）をしたあと、割腹自殺した。死後五〇年以上経ついまでも、毎年命日の一一月二五日には有志による「憂国忌」という追悼集会が開かれ、多くの人が訪れる。また、ミシマ文学は諸外国語に翻訳され、全世界で愛読されている。

〈檄　楯の會隊長　三島由紀夫

われわれ楯の會は、自衛隊によつて育てられ、いはば自衛隊はわれわれの父でもあり、兄でもある。その恩義に報いるに、このやうな忘恩的行爲に出たのは何故《なぜ》であるか。かへりみれば、私は四年、學生は三年、隊内で準自衛官としての待遇を受け、一片の打算もない教育を受け、又われわれも心から自衛隊を愛し、もはや隊の柵外の日本にはない「眞の日本」をここに夢み、ここでこそ終戰後つひに知らなかつた男の涙を知つた。ここで流したわれわれの汗は純一であり、憂國の精神を相共にする同志として共に富士の原野を馳驅《ちく》した。このことには一點《いつてん》の疑ひもない。われわれにとつて自衛隊は故郷であり、生ぬるい現代日本で凜烈《りんれつ》の氣を呼吸できる唯一の場所であつた。教官、助教諸氏から受けた愛情は測り知れない。しかもなほ、敢《あえ》てこの擧に出たのは何故であるか。たとへ強辯《きょうべん》と云はれようとも、自衛隊を愛するが故であると私は斷言する。

　われわれは戰後の日本が、經濟的繁榮にうつつを抜かし、國の大本を忘れ、國民精神を失ひ、本を正さずして末に走り、その場しのぎと僞善に陥り、自ら魂の空白状態へ落ち込んでゆくのを見た。政治は矛盾の糊塗、自己の保身、權力慾、僞善にのみ捧げられ、國家百年の大計は外國に委ね、敗戰の汚辱は拂拭されずにただごまかされ、日本人自ら日本の歴史と傳統《でんとう》を潰してゆくのを、齒嚙みをしながら見てゐなければならなかつた。われわれは今や自衛隊にのみ、眞の日本、眞の日本人、眞の武士の魂が残されてゐるのを夢みた。しかも法理論的には、自衛隊は違憲であることは明白であり、國の根本問題である防衛が、御都合主義の法的解釋《かいしゃく》によつてごまかされ、軍の名を用ひない軍として、日本人の魂の腐敗、道義の頽廢《たいはい》の根本原因をなして來てゐるのを見た。もつとも名譽を重んずべき軍が、もつとも惡質の欺瞞《ぎまん》の下に放置されて來たのである。自衞隊は敗戰後の國家の不名譽な十字架を負ひつづけて來た。自衞隊は國軍たりえず、建軍の本義を與《あた》へられず、警察の物理的に巨大なものとしての地位しか與へられず、その忠誠の對象《たいしよう》も明確にされなかつた。われわれは戰後のあまりに永い日本の眠りに憤つた。自衞隊が目ざめる時こそ、日本が目ざめる時だと信じた。自衞隊が自ら目ざめることなしに、この眠れる日本が目ざめることはないのを信じた。憲法改正によつて、自衞隊が建軍の本義に立ち、眞の國軍となる日のために、國民として微力の限りを盡《つく》すこと以上に大いなる責務はない、と信じた。

四年前、私はひとり志を抱いて自衞隊に入り、その翌年には楯の會を結成した。楯の會の根本理念は、ひとへに自衞隊が目ざめる時、自衞隊を國軍、名譽ある國軍とするために、命を捨てようといふ決心にあつた。憲法改正がもはや議会制度下ではむづかしければ、治安出動こそその唯一の好機であり、われわれは治安出動の前衞となつて命を捨て、國軍の礎石たらんとした。國體《こくたい》を守るのは軍隊であり、政體を守るのは警察である。政體を警察力を以て守りきれない段階に來て、はじめて軍隊の出動によつて國體が明らかになり、軍は建軍の本義を回復するであらう。日本の軍隊の建軍の本義とは、「天皇を中心とする日本の歴史・文化・傳統を守る」ことにしか存在しないのである。國のねじ曲つた大本を正すといふ使命のため、われわれは少數《しょうすう》乍《なが》ら訓練を受け、挺身しようとしてゐたのである。

　しかるに昨昭和四十四年十月二十一日に何が起つたか。總理《そうり》訪米前の大詰ともいふべきこのデモは、壓倒的《あっとうてき》な警察力の下に不發《ふはつ》に終つた。その狀況を新宿で見て、私は、「これで憲法は變《かわ》らない」と痛恨した。その日に何が起つたか。政府は極左勢力の限界を見極め、戒嚴令《かいげんれい》にも等しい警察の規制に對する一般民衆の反《はん》應《のう》を見極め、敢て「憲法改正」といふ火中の栗を拾はずとも、事態を收拾しうる自信を得たのである。治安出動は不用になつた。政府は政體維持のためには、何ら憲法と牴觸《ていしょく》しない警察力だけで乘り切る自信を得、國の根本問題に對して頰つかぶりをつづける自信を得た。これで、左派勢力には憲法護持の飴玉をしやぶらせつづけ、名を捨てて實《じつ》をとる方策を固め、自ら、護憲を標榜することの利點《りてん》を得たのである。名を捨てて、實をとる！　政治家にとつてはそれでよからう。しかし自衛隊にとつては、致命傷であることに、政治家は氣づかない筈《はず》はない。そこでふたたび、前にもまさる僞善と隱蔽、うれしがらせとごまかしがはじまつた。

　銘記せよ！　實はこの昭和四十五年十月二十一日といふ日は、自衛隊にとつては悲劇の日だつた。創立以來二十年に亙《わた》つて、憲法改正を待ちこがれてきた自衛隊にとつて、決定的にその希望が裏切られ、憲法改正は政治的プログラムから除外され、相共に議會《ぎかい》主義《しゅぎ》政黨《せいとう》を主張する自民黨と共産黨が、非議會主義的方法の可能性を晴れ晴れと拂拭した日だつた。論理的に正に、この日を堺にして、それまで憲法の私生兒であつた自衛隊は、「護憲の軍隊」として認知されたのである。これ以上のパラドックスがあらうか。

われわれはこの日以後の自衛隊に一刻一刻注視した。われわれが夢みてゐたやうに、もし自衛隊に武士の魂が殘つてゐるならば、どうしてこの事態を默視しえよう。自らを否定するものを守るとは、何たる論理的矛盾であらう。男であれば、男の矜《ほこ》りがどうしてこれを容認しえよう。我慢に我慢を重ねても、守るべき最後の一線をこえれば、決然起ち上るのが男であり武士である。われわれはひたすら耳をすました。しかし自衛隊のどこからも、「自らを否定する憲法を守れ」といふ屈辱的な命令に對する、男子の聲《こえ》はきこえては來なかつた。かくなる上は、自らの力を自覺して、國の論理の歪《ゆが》みを正すほかに道はないことがわかつてゐるのに、自衛隊は聲を奪はれたカナリヤのやうに默つたままだつた。

われわれは悲しみ、怒り、つひには憤激した。諸官は任務を與へられなければ何もできぬといふ。しかし諸官に與へられる任務は、悲しいかな、最終的には日本からは來ないのだ。シヴィリアン・コントロールが民主的軍隊の本姿である、といふ。しかし英米のシヴィリアン・コントロールは、軍政に關する財政上のコントロールである。日本のやうに人事權まで奪はれて去勢され、變節常なき政治家に操られ、黨利黨略に利用されることではない。

　この上、政治家のうれしがらせに乗り、より深い自己欺瞞と自己冒瀆《じこぼうとく》の道を歩まうとする自衛隊は魂が腐つたのか。武士の魂はどこへ行つたのだ。魂の死んだ巨大な武器庫になつて、どこへ行かうとするのか。纖維交渉に當《あた》つては自民黨を賣國奴《ばいこくど》呼ばはりした纖維業者もあつたのに、國家百年の大計にかかはる核停條約は、あたかもかつての五・五・三の不平等條約の再現であることが明らかであるにもかかはらず、抗議して腹を切るジェネラル一人、自衛隊からは出なかつた。

　沖繩返還とは何か？　本土の防衛責任とは何か？　アメリカは眞の日本の自主的軍隊が日本の國土を守ることを喜ばないのは自明である。あと二年の内に自主性を回復せねば、左派のいふ如く、自衛隊は永遠にアメリカの傭兵として終るであらう。

　われわれは四年待つた。最後の一年は熱烈に待つた。もう待てぬ。自ら冒瀆する者を待つわけには行かぬ。しかしあと三十分、最後の三十分待たう。共に起つて義のために共に死ぬのだ。日本を日本の眞姿に戻して、そこで死ぬのだ。生命尊重のみで、魂は死んでもよいのか。生命以上の價値《かち》なくして何の軍隊だ。今こそわれわれは生命尊重以上の價値の所在を諸君の目に見せてやる。それは自由でも民主々義でもない。日本だ。われわれの愛する歴史と傳統の國、日本だ。これを骨抜きにしてしまつた憲法に體をぶつけて死ぬ奴はゐないのか。もしゐれば、今からでも共に起ち、共に死なう。われわれは至純の魂を持つ諸君が、一個の男子、眞の武士として蘇へることを熱望するあまり、この擧に出たのである。〉

＊11　陽明学

中国の明代に王陽明が唱えた儒学。初めは朱子学の性即理説――人間の心の働きを性と情とに分け、情とそこから派生する欲に乱されないかぎり、本然の性は人間があるべき理そのものと合致するという考え――に対して、心即理説――心そのものを道徳的行為の原則（理）とみる考え――、のちに致良知説――人間の心には先天的に良知が備わっており、この良知を極め尽くすことが聖人に至る道だとする考え――、晩年には無善無悪説――心の本性は善悪という道徳的分別を超越しているとする考え――を唱えた。日本では中江藤樹、熊沢蕃山、大塩平八郎らに受け入れられた。

＊12　成田闘争

昭和四一（一九六六）年に始まった新東京国際空港（成田空港、現・成田国際空港）の建設または存続に反対する闘争。別名三里塚闘争。地域住民への説明が十分に行われずに決定した空港建設計画が、熾烈な反対運動を引き起こした。新左翼各派も闘争に参加し、空港公団や警察の機動隊を相手に座り込み、投石、バリケードなどの実力で対抗した。衝突のなかで、開港が当初予定より大幅に遅れただけではなく、双方に死者や負傷者も発生した。開港後も過激派によるテロや強固な反対運動が継続した。そのため空港の拡張が停滞し、開港時は世界屈指の国際空港の地位にあったが、各国間の空港開発競争のなかで次第にその地位は低下していった。

入隊の経緯

伊藤　自衛隊に入隊を決めたあとは、陸海空のどこに行くかを考えました。

先ほど話したヨタ練の祖母の兄は、陸軍の戦闘機パイロットでした。当時のパイロットは身体能力、学業成績、生活態度のすべてがトップクラスで、アポロ時代[*13]の宇宙飛行士のようなエリートだったそうです。

祖母からその話をよく聞いていたので、私も航空自衛隊の戦闘機パイロットになろうと思いましたが、一人前になるころには、技術の進歩で戦闘機は人間が操縦する必要がない、自動制御の時代になるかもしれないと感じました。

戦闘機を操縦できないならつまらない。ではどこにしようかと悩んでいたとき、当時流行っていたシーレーン[*14]という言葉を耳にしたんですよね。中東から石油を運ぶ日本にとって、シーレーンは生命線。よし、自分は軍艦に乗ってそれを守ろうと決意しました。

私が海上自衛隊に入隊したのは昭和六二（一九八七）年。横須賀教育隊[*15]第25期生として自衛官の日々が始まりました。

意気揚々と入隊したものの、すぐ同期のやる気のない表情と不健康な見た目にショックを受けました。

彼らに入隊した理由を聞くと「騙された」「タダで免許が取れるから」「ここさえ出れば、あとの仕事は楽だから」ですからね……。

私は、国のために命を捧げてもいいと考える人間が集まるところだと勝手に思い込んでいたので、人生最大の失敗をしたと思いましたね。

当時はバブル期ですから、学生は売り手市場で、どの会社も新卒採用にやっきになっていました。給料が良い商社やマスコミなどの就職先が注目されるなか、低賃金の公務員、しかも自衛隊。ほかに行くところがない者が集まっていた傾向はあったと思います。

荒谷　私は伊藤さんより五年早く入隊しましたが、たしかにそのころは世の中にそうした雰囲気がありました。

伊藤　同期は四〇〇〜五〇〇人いましたが、二週間もすると「辞めたい」と言う者がたくさん出てきました。志があって入隊したわけではないから当然ですけどね。

実際に脱走する者も多く出て、自衛隊の作業服のまま街をうろうろしているところを捜索に出た班長に捕獲され、あっけなく隊舎に戻される者がたくさんいました。

自衛隊の現実を突きつけられた私は、「こんなやつらと一緒に仕事なんかできない」と失意のどん底でした。

かといっていまさら高校の教員に戻るわけにもいかず、悶々としていたときに幹部を見て、「幹部は違うだろう。幹部になれば、違う世界があるはずだ」と思い、幹部候補生[16]の試験を受けることにしました。

自由行動が許される日曜日、街の書店で『海上自衛隊幹部候補生学校過去五年間試験問題集』を購入しました。大卒が受けることを想定している幹部候補生試験は、卒業した学部に応じて理系と文系、どちらかの問題を解くか選ぶようになっています。問題集も同じ構成でしたが、体育学部卒の私は、自分が理系なのか文系なのかわかりません。

解けるところからやろうと思っても、大学時代にグラウンドと合宿所の往復しかしていなかった私は、文系、理系どちらの問題もさっぱり解けませんでした。

高校では教科書すら買っていなかった私は、中学三年生からやり直すことにしました。受験資格は一般の人なら二六歳未満（ただし自衛官は二八歳未満）です。二二歳だった私は、あと六回受けられる。六回浪人すれば、さすがに合格するだろうと甘く考えていました。

二ヶ月後に試験を迎えましたが、そのときまだ中学校三年生の勉強をしていた私には、合格する自信はまったくありませんでした。そして、試験は予想したとおり、解ける問題はひとつもなし。ところがその年から解答方式がマークシートになっていたのです。

解けなくとも、答えは記せる。そう思った私は、ひたすら〝塗り絵〟をして会場を出ました。

ひと月後、なんと一次試験合格の知らせがありました。

あり得ない幸運で合格した私は、二次試験は変に取り繕うのではなく、自分がなぜ自衛隊に入り、なぜ幹部になりたいのかをありのままに面接官にぶつけることにしました。

それで落ちるのなら、とことんこの組織に向いていないのだから、辞めようと思っていました。

教育隊で四ヶ月半の新兵教育を受けたあと、八月に「むらさめ」[*17]という艦艇に最下級水兵として配属されました。その航海中に二次試験の合格電報を受け、翌年三月に江田島の幹部候補生学校*[18]に赴任しました。

荒谷　私の場合、最初から陸上自衛隊を希望していました。国のために戦う姿として真っ先に浮かんだのが、刀を持った日本人でした。小さいころ、チャンバラごっこをした日本男子なら共感すると思いますが、刀を武器に敵に立ち向かう侍ってかっこいいじゃないですか。

戦闘機や軍艦のような機械を使った戦闘ではなく、己の身体を武器と化し、微力であってもひとりの人間そのものが戦闘力となる肉弾戦がやりたかったので、自分は、陸しかないと決めていました。

東京理科大学を卒業後、福岡県久留米市にある陸上自衛隊の幹部候補生学校*[19]に入学しました。まず目指したのは、肉弾戦ができる歩兵です。もし歩兵になれなかったら、辞めようと思っていました。

同期は毎日起床してから就寝するまで徹底的に体を鍛える教練をキツイキツイと言っていましたが、私は「フィットネスをして給料をもらえるなんて申し訳ないなあ」と思っていました。勿論私もまったくキツくなかったわけではありません。ただ教練はキツければキツイほど、自分が鍛えられている実感と生きている喜びがわいてきます。教練が終わったあとに、自主的に同期とグラウンドを走ることもありました。

同期とは仲が良かったですよ。彼らには、私は極右の危険人物と認識されていました。同期のなかにも私のように愛国心を持つ青年もいましたが、表に出さない人が多かったと思います。

なぜなら戦後、米軍の主導で創設された自衛隊は旧軍との差別化を図る必要があり、旧軍思想を持ちこまない徹底した方針のなかで、愛国心はタブーとなったからです。武士道や神道のような日本文化を持ち込むことも禁止されていました。

私は思想を隠さず、「天皇陛下万歳」「八紘為宇《はっこういう》[20]」「武士道精神」「七生報国[21]」と毎日のように周囲に喚起し、確固たる自分を貫いていたので、特異な存在だったでしょう。

でも学生時代はひとりで極左と闘っていたので、自衛隊に「国のため」「人の役に立ちたい」という気持ちを持つ人が少数でもいることは嬉しかったですね。

伊藤　横須賀教育隊でも江田島の幹部候補生学校でも、まわりの人間に「国のため」という意識が感じられず、一時はがっかりしました。

ところがよくよく聞いてみると、多くの自衛官は、きちんと志を持っていたのです。入隊の理由を「騙されて」「タダで免許が取れるから」と言っていた横須賀教育隊の彼らもそうです。

自衛隊が税金泥棒と呼ばれていた当時は[*22]、「国のため」「公のため」なんて言った日には、白い目で見られましたからね。そんな風潮のなかで、彼らは照れくさくて言えなかっただけなんですよね。あのときの私は、彼らの照れ隠しをそのまま受け取っていました。

荒谷　そういえば幹部候補生学校のとき、歴史の授業で教官が「先の戦争は、日本が間違っていた」と言ったので、立ち上がって「こら貴様！　貴様は何を考えているんだ！」と反論したら、職員室に呼ばれて正座させられたことがありました。

伊藤　また驚きのエピソードが（笑）

幹部候補生が教官に「こら貴様！」。聞いたことありません。陸上自衛隊は、正座が好きなのはわかりますが……。

荒谷　教官の階級は佐官クラスでしたから、もしこれが軍隊なら私は上官侮辱罪、下手をすれば銃殺でしょうね。

　腕立て伏せなら張り切ってやるのですが、じっとしている正座はキツかった。

　正座なんて小学校以来だったので、「成人になっても、正座させられるんだなあ」としみじみ思いました。じつは職員室の正座は、ＣＧＳのときもありました。

幹部候補生時代の荒谷。勿論、悪ふざけである

伊藤　ＣＧＳでも⁉　あそこに入学したのは、荒谷さんが三〇代になってからですよね。

荒谷　ええ。ＣＧＳでも正座。三〇歳過ぎても職員室で正座です。

周りの教官からは「おっ、荒谷また座ってるな」「すいませーん、どうも」みたいな感じでした。ただＣＧＳのときは正座仲間がいましたけど……。

教官の発言がどうしても許せないと思うと、つい指摘してしまう。

そういえば子供のころも、しょっちゅう廊下に立たされていました。さすがに小学校のときは先生に「こら貴様！」とは言っていないと思いますが……。

ほかにも自衛隊時代は、朝霞《あさか》駐屯地の正門前で仲間とふたりで「海ゆかば」を大声で歌い上げる、三島由紀夫の憂国忌に自衛隊の制服で参加して写真を撮られる、靖國神社の清掃奉仕に制服を着て参加したことなどで、上から厳しい注意を受けました。１佐になっても懲りずに注意されていました。

伊藤　上から素行を注意される大佐ですか（笑）

私も自衛官は全員、自分と同じように入隊時に遺書と遺髪を家に残して出てくるものだと思っていましたが、実際はそんな人間はひとりもいません。

荒谷　私も軍隊は斯《か》くあるべしと勝手に思っていて、入隊したら全然違う雰囲気で驚きました。

こっちは肉弾戦を覚悟して入隊したのに、自衛隊は日々の訓練に一所懸命でも、本気で戦うことは想定していないのです。

つまり、憲法第九条で規定されているので日本が戦争をすることはない。自衛隊は存在することで抑止になるからそれでいいという考えですね。

さらに政府は公式見解として、実際に侵略が起きるまでは対処能力は持たない基盤的防衛力構想*23という考えも持っていました。

自衛隊が戦うことがない前提においては、本気で戦う必要はなくなってしまうのです。

これは自衛隊の隅々まで影響を及ぼしています。例えば毎年開催される富士総合火力演習は陣地攻撃を前提にしていますが、これはあくまでも古い時代の戦い方です。現代戦では民間人が大勢いる市街地が攻撃を受けますが、それに応じた訓練をしているかといえばそうでもない。
装備もそうです。自衛官が自分にとって使いやすい装備を自腹で購入しても、訓練で使うと注意され、「支給された物を使え」と命令されます。
伊藤 装備といえば、特別警備隊で申請した雨衣もそうでした。支給されたのは蒸れて内側がびしょびしょになるようなもの。これでは雨衣の意味がないので、隊員は自腹で数万円を払い、防水透湿性素材を使用したものを買います。それがどこで売っているかというと、自衛隊の基地内にある民間の商品を扱う売店だったりします。
荒谷 実戦を想定していないなら、自衛隊は抑止力にはなりません。何のための訓練なのかと疑問を持った真面目な自衛官ほど、早く辞めていきます。
憲法のもとで自衛隊が曖昧な存在のまま置かれていることで、現場には様々な軋轢《あつれき》が生まれます。
伊藤 私が入隊して驚いたのは、やたらと「国民の生命・財産を守る」を強調することでした。上官、幹部は勿論、テレビで見る政治家、新聞やワイドショーなどのマスコミも当然のことのように自衛隊の存在意義をこの一文で語り、反論する人は皆無でした。

国のために、この命を使ってもらおうと入隊したのに、長生きとゼニ金のために自衛隊があり、そのために自分の命が使われるなんて、冗談じゃないと思いましたね。

「国民の生命、財産を守る」と言う人たちは、目に見えるものにしか価値を感じないのかな、とも思います。

生命と財産、たしかに大切ではありますが、それだけではないですよね。目には見えなくても、昔からみんなが大切にしているものがあります。それはどうでもいいというのなら、戦わずに降伏すればいいじゃないですか。そうすれば、日本人としての名誉や尊厳は失いますが、生命や財産の損失は抑えられる。

この「国民の生命、財産を守る」という言葉には、自衛隊を辞めて一五年以上経ったいまでも違和感があります。

＊13　アポロ時代

米国のアイゼンハワー政権下の一九六一〜一九七二年、アメリカ航空宇宙局（NASA）が実施した、人類初となる月への有人宇宙飛行計画が世界から注目された。アポロ一一号で人類は初めて月に降り立った。ニール・アームストロング船長の「これはひとりの人間にとっては小さな一歩だが、人類にとっては偉大な一歩である」という言葉が有名。

＊14　シーレーン

一般的には海上交易路を指す。軍事用語としては、国家の存立や作戦遂行のために確保しなければならない海上の交通路。資源、エネルギー、そして食料を海外に依存する日本にとって、シーレーンは安全保障上重要。もし台湾有事となれば、バシー海峡――フィリピンの最北端バタン諸島と、台湾の最南端との間にある海峡――が閉鎖され、インドネシアやフィリピンを迂回することになる。これは日本の経済には大きなダメージである。

＊15　横須賀教育隊

海上自衛隊の新入隊員が最初に配属され、基礎的教育を受ける場所。神奈川県横須賀市の海上自衛隊横須賀基地内にある。一般曹候補生の教育期間は約四ヶ月。現在、年間約一〇〇〇人がここで教育を受けている。横須賀のほかに、舞鶴、呉、佐世保と合わせて四ヶ所の教育隊がある。

＊16　幹部候補生

下士官や兵を指揮する幹部（士官）となるために、教育と訓練を受けている自衛隊の学生。陸海空の自衛隊ごとに、幹部候補生学校が設けられている。一般から募集されるのは「一般幹部候補生（大卒程度）」「歯科幹部候補生」「薬剤科幹部候補生」となる。幹部候補生学校には入学試験があり、令和三（二〇二一）年は陸海空合計で四九九八人が応募し三三三人が合格した。幹部候補生としての教育課程を終えると、階級は3尉（少尉相当）となる。

＊17　むらさめ

伊藤は現在就役中のむらさめではなく、先代のむらさめに乗っていた。

＊18　江田島の幹部候補生学校

広島県江田島市にある、海上自衛隊の幹部を養成する学校。正式名称は「海上自衛隊第1術科学校」。術科学校とは海上自衛隊員一人ひとりの高い術科能力を維持・向上するために教育訓練を行っている教育機関。第1から第4まであり、第2からそれぞれ神奈川・横須賀、千葉・柏、京都・舞鶴にある。

第1術科学校はもともと旧海軍兵学校があったところで、主要施設を継承し、歴史ある赤レンガの洋館（生徒館、明治二六〔一八九三〕年完成）で知られる。敗戦後一一年間、米英連邦軍等が進駐、施設を使用したが、昭和三一（一九五六）年、海上自衛隊が施設を引き継ぎ、横須賀から術科学校が移転。昭和三二（一九五七）年には海上自衛隊幹部候補生学校が独立開校し、翌年、海上自衛隊第1術科学校が発足した。

射撃、水雷、船務、航海、気象、通信、電子、掃海機雷、運用、応急、潜水、警備、体育等、多岐にわたる術科教育を行っており、期間は六週間から一年。

＊19　陸上自衛隊の幹部候補生学校
福岡県久留米市の前川原《まえがわら》駐屯地にある、陸上自衛隊の幹部を養成する学校。防衛大学校、防衛医科大学校、一般大学卒業者および部内からの選抜者に対して、陸上自衛隊の（パイロット要員含む）初級幹部自衛官としての職務を遂行するに必要な知識および技能を修得させるための教育訓練を行う機関。教育期間は条件

による が約九ヶ月。校風は「質実剛健にして清廉高潔」。
令和三（二〇二一）年一〇月時点での卒業生は六万一〇三〇名に上る。昭和一六（一九四一）年に旧陸軍の久留米第一予備士官学校が開校された場所でもある。学校の伝統行事として、学校から高良大社《こうらたいしゃ》を目指して約五・六キロメートルの山道を駆け上がる、高良山登山走がある。

＊20　八紘為宇
「八紘《あめのした》を掩《おお》いて宇《いえ》と為《せ》むこと亦《また》よからずや」、すなわち「世界のすみずみまでも、ひとつの家族のように仲良く暮らしていける国にしていこうではないか」という日本建国の理念。この詔《みことのり》は『日本書紀』に編入されている。自分より他人を思いやる利他の精神、絆を大切にする心や家族主義のルーツといえる。

＊21　七生報国
七度までも生まれ変わって、賊を滅ぼし国のために働くこと。足利氏との戦いに敗れた楠木正成《くすのきまさしげ》（一八六頁参照）兄弟の死に際しての言葉として有名。先の大戦ではこの言葉を記した鉢巻を身に付け、敵艦に突入した特攻隊員もいた。

＊22　自衛隊が税金泥棒と呼ばれていた

日本国憲法第九条で戦争放棄を宣言した日本では、自衛隊の存在意義に疑問を持つ世論が昭和が終わって平成の世になっても根強く、自衛隊の戦力を維持する防衛費が非難の的となっていた。令和のいまでも「自衛隊は違憲」とする法学者が多く、中学校の大半の教科書が自衛隊違憲論に触れており、政党のなかには自衛隊を違憲と主張するものもあるのが現状である。そのため、安倍元総理が中心になった自由民主党による提唱「憲法改正により自衛隊をきちんと憲法に位置づけ、自衛隊違憲論の解消」は急がれる課題である。

＊23　基盤的防衛力構想

日本に対する軍事的脅威に直接対抗するよりも、自らが力の空白となって日本周辺地域の不安定要因とならないよう、独立国としての必要最小限の基盤的な防衛力を保有するという考え方。

お互いの第一印象

伊藤　私が荒谷さんに初めて会ったのは、うちを視察にいらしたときでしたね。

荒谷　特殊作戦群ができる前、先に創設された特別警備隊ではどんなことをやってるのかと思い、何度か見に行きました。

伊藤　荒谷さんが視察にいらしたときのことは、いまでも鮮明に覚えています。あるとき、陸の特殊部隊の初代指揮官になる予定の人が、特殊戦学校（ＪＦＫスクール）[*24]に留学する前に視察に来るという連絡がありました。当時、そういう面倒なことは私が担当することに決まっていました。

　江田島の港で待っていたら、激しく揺れながらこちらに向かってくる海上自衛隊の〝はしけ〟[*25]に、サングラスをかけた私服の人が立っている。「まさかあの人じゃないよな……」と思っていたら、それが荒谷さんでした。

　指揮官に任命されたあとならちゃんとした高級幹部用のボートが割り当てられますが、このときはまだ〝はしけ〟でしたから、揺れる波のうえで荒谷さんの存在感がさらに際立っていました。

荒谷　そうだね、あのときは、はしけだったたね（笑）

伊藤　荒谷さんの第一印象は、持ち上げるわけじゃないですけど、「美形」だなと思いました。あと強く思ったのは「聡明」ですね。

その日の夜、江田島の居酒屋で飲んだのですが、インテリで法解釈に長けていると自負している、うちの隊長と法解釈の話になったとき「それは間違っています」と荒谷さん、言いましたもんね。

荒谷　そう？　全然覚えてないな。

特別警備隊隊員の食欲！

伊藤　その人は短気で気に食わないことがあると大騒ぎするタイプだったので、「これは面倒なことになる」と思いましたが、荒谷さんの説明を聞いてその人は黙ったんです。いつものようにキレると思っていたので、驚きました。

私は、荒谷さんの論理のほうが明快で正しいと思いました。

荒谷　伊藤さんと特別警備隊の第一印象は、「気遣いができることに対する驚き」でした。

特殊部隊を生で見たのはこのときが初めてだったので、何を見ても「なるほど！」でした。

特別警備隊にはまさに「特殊部隊的」な隊員が集まっていて「これだ！　これだ！」と感動しました。尖った人間ばかりなのに、みんな宴会できちんと気遣いができることにびっくりしました。

伊藤　特別警備隊は気遣いができない集団だと思っていたということですか？（笑）

荒谷　だってほら、伊藤さんは「インチキおやじ！」と部下から呼ばれていますし、特殊作戦群とはちょっと雰囲気が違うじゃないですか。特別警備隊は船でバーッと行くような人たちでしょう。いわば海の荒くれ者。

伊藤　たしかにうちの隊員は、初対面の荒谷さんに「あっ、おっす」でしたもんね。「『おっす』じゃないんだよ、バカ」って言いたくなりますよね。

驚いた特別警備隊の隊長に「なんだ、あいつらは荒谷さんと知り合いなのか?」と聞かれて「うーん、そうみたいですね〜」と答えていました。

荒谷　特別警備隊の雰囲気のよさは印象的でした。そこには海の部隊でありながら、陸の文化を感じました。

海と陸では部隊の雰囲気が違います。海軍には幹部と下士官がはっきりと区別され、プライベートの接点が少ない文化があります。欧米の契約社会のように、海軍では各自が役割をしっかり果たすことで、大勢でひとつの船を動かして戦います。たとえ上官が尊敬されていなくとも、軍艦が機能する仕組みができているのです。

一方、陸軍は人が戦力。部隊が役割を果たすためには、隊員の間に信頼関係があり、上官は部下の尊敬を集めていなくてはなりません。

戦場で後ろから撃たれたらたまったものではありませんから、陸軍は上官が部下とよく飲み、親睦を深める文化を持っています。

特別警備隊で部下が伊藤さんに「こんなのだめだよ」とタメロで話し、それを伊藤さんも自然に受け入れているのは、陸軍のような信頼関係が築かれているからだと感じました。

伊藤　荒谷さんが二回目に視察にいらしたのは、たしか冬だったと思います。このときは荒谷さんを指揮官待遇で迎えたので、私は制服の上に金ボタンのついた黒いコートを着て白いマフラーを身に付け、白手袋をして自衛隊専用の桟橋で荒谷さんを待っていました。ボートが着くと「気を付け！」と一斉に号令がかかります。

ボートからは当然、正装の荒谷さんが降りてくると思っていたら、荒谷さんは変なTシャツの上に黒の革ジャンを着ていました。

高級幹部用の交通艇の乗組員六人が敬礼しているなか、「おう、久しぶり」と私に声を掛けた荒谷さんは照れながら「この服は、ちょっとまずかったかな……」と言いましたよね。

荒谷 たしかにあのときはそうでした（笑）

伊藤 荒谷さんに「マジか……」と思ったことは、ほかにもたくさんあります。訓練後に、群長の荒谷さんが隊員と道場で手合わせしているのも衝撃でした。

荒谷 特殊作戦群には、道場がありました。

仕事が終わって一汗流して帰ろうと思って道場に行くといつも隊員がたくさんいて、それぞれが自分の練習をしていました。

私がサンドバッグをやっていると、皆気づかないふりをしながら、ちらちらとこちらの様子をうかがっているのです。

そのうちこそっと「群長、ちょっとやりませんか?」と声が掛かります。「あ、いいよ」といってスパーリングを始めると本気で攻めてくるので、いつもどちらかが参るか、気を失うまで勝負をしていました。

ひとりが終わるとそれを待っていたように、また別な隊員から声が掛かる。道場ではそれを繰り返していました。

伊藤　自衛隊にいないとわかりづらいのですが、群長と隊員の距離感でそこまでやりあうことはまずありません。

しかも年齢差も大きい。当時四〇代の荒谷さんと隊員は、二〇歳は離れていました から。

荒谷　隊員には元キックボクサーもいるくらい、強い人間ばかりでしたが、群長としてはそう簡単にはやられるわけにはいきませんし、たまにはやっつけておかないといけません。

伊藤さんのところも相当おもしろかったですよ。

あるとき特別警備隊の隊員たちと飲んでいたら、「いい刀屋がこの近くにある」と言うんです。

飲みつづけて夜中の三時くらいになったときに、「群長！　さっきの刀屋さんですけど行きますか？」

「夜中の三時だぞ」

「大丈夫です！　あのおじさんなら大丈夫です！」

「本当か？」となり、刀屋さんに行きました。

店は当然閉まっています。

隊員は「あれ？　あれ？　おかしいな？」

「もう寝てんじゃやねえか」

「いや、そんなはずはありません」と扉を叩こうとします。

周囲に迷惑だから止めに入ると「いや大丈夫です。もうすぐ出てくると思います」と食い下がる。

人様のところの隊員ではありますが、特別警備隊も相当破天荒でした。

伊藤　まあ、それが誰なのかはすぐにわかるんですけど……。その節は大変失礼致しました。

振り返るとお互い自衛隊初の特殊部隊ということで情報交換や研修の機会が多く、双方の距離は近かったですよね。とても良い関係を築いていたと思います。

陸と海で元々持っている文化は異なりますが、偶然にも同じようなタイプの隊員が集まったと思います。荒谷さんと私、ふたりの抱く特殊部隊隊員のあるべき姿が似ているからでしょうね。

＊24　ＪＦＫスクール
（John F. Kennedy Special Warfare Center and School）ジョン・F・ケネディ特殊戦センター・アンド・スクールの通称。米陸軍特殊部隊の訓練、教育を行う。拠点はフォートブラッグ（ノースカロライナ州）。

＊25　はしけ
貨物を積んで航行する平底の船舶。エンジンを積んでいないため、タグボートによって曳航《えいこう》される。貨物船が直接接岸できない水深が浅い港で使われることが多かったが、岸壁に設置されたガントリークレーンで貨物の荷役を行う現在、活躍の場は少なくなっている。英語ではバージ（barge）。

第三章

私たちが退官した理由

なぜ退官したのか

伊藤　自衛隊を辞めた理由はいくつかありますが、一番大きかったのは特殊部隊から艦艇部隊への異動の内示です。

海上自衛隊では幹部は長くて二年、普通は一年～一年半で異動することが多く、私が八年間在籍したことは異例中の異例でした。

細部は言えませんが、このころの特別警備隊は何度か経験を積み、実力もありました。しかし、他国の特殊部隊が得た戦訓を収集する能力がまだまだ低く、私が持っていたコネクションしか使えませんでした。

あと二年あれば、そのコネクションをさらに太くし、後輩に渡せると思っていたので、隊長に「あと二年いさせてほしい」と要請しましたが、返答はＮＯ。「八年もいるんですから、八年も一〇年も一緒じゃないですか」と食い下がりましたが、「次の副長は、（私の）後輩がなるから駄目だ」と言うのです。

序列を重視する海上自衛隊では、私のポジションは副長より後輩かつ下の階級でなくてはならないという暗黙のルールがあります。

そこで「それなら私は〝悪さ〟をしますので、それを理由に私の階級を下げてください」と提案しました。私は真剣に話しているのですが、隊長は冗談だとしか思えないのでしょうね。「そうだな……」で終わりました。

隊長の対応は海上自衛隊のなかではごくスタンダードなものでしたが、部隊の練度を上げるよりも海上自衛隊の慣習を優先する姿勢に、「こんなやつを指揮官に配置する時点で、既に特殊部隊ではない。海上自衛隊は特殊部隊を使う気がない」と感じました。

もうひとつの理由は、築き上げた各国の特殊部隊とのコネクションが切れる懸念です。

在任中は共同訓練を通じて各国の特殊部隊と多くの接点があり、毎年開かれる国際武器見本市を通じて幅広い人脈を得ることができました。

海外の軍隊では、辞めたあとに銃やナイフメーカーのアドバイザーになり、開発や広報に携わる元特殊部隊員は珍しくありません。国際武器見本市には、そういう人たちも多く集まっています。

海外の特殊部隊の隊員は守秘義務で言えないことが多いのですが、彼らの自宅に行き、酒を飲んで仲良くなると「俺はお前が知りたいことには答えられないが、答えられるやつを紹介する」と、誰を訪ねればいいかを教えてくれます。

そこで紹介されたのは軍人ではなく、すべてシビリアン（一般市民）でした。

それにより、高度な専門技術を持つ、世界各国のスペシャリストと繋《つな》がることができました。

部隊創設後の戦力化では、彼らから得た技術を特別警備隊用にモディファイしながら、取り入れていきました。

もう少しすれば、後輩たちが私のコネクションを活かし、自力で部隊を強化していける。そう思っていた矢先の異動でした。

私が特別警備隊から艦艇部隊へ異動すれば、特殊部隊の貴重な財産であるコネクションは切れます。艦艇の仕事をしながら、特殊部隊に必要なコネクションを維持できるほど私は器用じゃありませんからね。

コネクションを維持するには自衛隊を去るしかないと思い、平成一九（二〇〇七）年四月末付で防衛省を辞めました。
以降は自由な立場で引きつづき特殊部隊に役立つ技術を習得し、それを求める人間に還元しようと思ったのです。

荒谷　私の場合、特殊作戦群を創った時点で陸上自衛隊でやる仕事はもうないと考えていました。これ以上ここにいても、やる気のない政府の下で腐るだけなので、以降は民間で国防に当たろうと決めていたのです。

そこで、特殊作戦群長の任期が終わると同時に、辞表を陸幕長に提出しました。そうしたら「ちょっと待て」と止められました。

理由は「近いうちにＮＳＣ（国家安全保障会議[*1]）法案が出され、官邸直属の安全保障組織がつくられる。お前をそこに行かせる」ということでした。

私は陸上自衛隊のなかで、総理が直接特殊部隊を運用できるメカニズムの必要性をずっと訴えてきました。特殊作戦群は名目上、大臣直轄の部隊ではありましたが、実際に総理が部隊を指揮できるメカニズムがなければ意味がないからです。

それを知っている陸幕長が「ＮＳＣができてお前がそこに行けば、ずっと主張してきたことを実現できるじゃないか」と言うので、一旦辞表を取り下げました。特殊作戦群から研究本部に異動し、ＮＳＣの設立を待っていたら、なんと安倍総理が健康問題で突然の辞任。あとを引き継いだ福田内閣でＮＳＣ法案が廃案になったことを知り、平成二〇（二〇〇八）年に改めて辞表を提出しました。

愛国青年として入隊した私は、自衛隊は本当に日本を守れる組織であるべきだと考えていました。

戦後、日本自身が日本の国防のために創ったのではなく、米国の対ソ戦略上の要請で創られた自衛隊は、憲法との矛盾を抱えたまま、いったいどこまで国を守れるのかという問題に、私は真剣に取り組んできました。結果、私にできたのは特殊作戦群の創設と隊員の国防意識の向上でした。

その特殊部隊の創設は、自衛隊の改革が進むきっかけになってくれる。そう期待していたのです。幸い、イラク派遣という実任務を通じ、特殊作戦群の隊員は全国の自衛官に、技術的なことだけではなく、本来の戦闘員としての気構えという点で影響を与えてくれました。

しかし、特殊部隊が一般部隊の指揮下に入ることがあれば、普通の部隊としてしか運用されません。

どこの国の特殊部隊でもそうですが、特殊部隊を指揮できるのは政治意思決定のトップ、つまり総理大臣や大統領でなくてはいけないのです。

私の最後の仕事は、そのためのメカニズムを確立することだと思っていました。

つまり、日本が主体性を持って国防を遂行できる体制を創るための諸々のアイディアをＮＳＣで実現しようと考えていたのですが、その可能性がなくなったので、あらためて辞表を提出しました。

そもそも国防は日本人全員の使命であり、自衛隊だけでやるものでもありません。

それなら広い意味で日本を守る活動を、民間人として実行しようと決めました。

特殊作戦群には、群長として三年、準備隊長のときを含めると三年半携わりました。

陸上自衛隊では、幹部はひとつの部署に長くて二年で異動します。1等陸佐だった私が特殊作戦群に三年半所属していたのは、通常の二倍の長さでした。準備隊長の前はグリーンベレーに一年間留学しているので、部隊には四年半携わったことになります。

異動があることがわかっていたので自分には時間がないと思い、部隊の創設は最初から急ピッチで進めました。四年半で戦力化の基盤ができたと確信したので、退官で思い残すことはありませんでした。

伊藤　私が自衛隊を辞めることを決めて、荒谷さんに報告したとき「そりゃ、そうだよな」と言われたのを覚えています。
退官を告げたのは、たしか荒谷さんがいらっしゃった習志野の官舎だったと思います。反対されるかもしれないと思っていたので、拍子抜けでした。もう少し驚いてくれてもいいんじゃないかと（笑）
ミンダナオ島に行くと言ったら、「それはおもしろそうだな」と興味津々。

普通は「生活はどうするんだ」「家族はどうなる」と先行きを心配しそうなものですが、そんなことは一切言わず、私のミンダナオ島行きを本気でおもしろがっていたのが荒谷さんらしかったです。

その後、荒谷さんが退官したことをミンダナオ島で知りました。

当時ミンダナオ島でインターネットは非常に珍しく、ネットカフェのような場所にわざわざ出かけてメールを送受信していました。

そこにあるPCは日本語の表示はできても入力はできなかったので、英語とローマ字で荒谷さんにメールを送ったところ、返信が「私はいま、身辺整理をしています」でした。「何だ何だ？　身辺整理って何だ？」と非常に気になりました。

そこから数ヶ月後に「辞めた」という連絡がきて、かなりショックを受けました。

というのも私の階級・年齢・人柄で自衛隊を変えることはできませんが、荒谷さんならできると思っていたからです。

安倍内閣のNSCの話を聞いたときも、これこそ荒谷さんが参加すべき組織だと思っていましたから、辞めたと聞いて自衛隊、防衛省、日本が見捨てられたような気がしました。

荒谷　見捨てたつもりはありませんでした。

自分としては、日本を真っ当な国にしたいという信念があり、それにはまず軍隊だと考えて自衛隊のなかで様々な構想を計画し、実現してきました。その集大成が特殊部隊でした。

ところが組織の内部にいて仕組みを知れば知るほど、自衛隊だけの問題ではないと痛感したのです。

例えば、私が防衛局戦略室にいたとき、国際情勢分析をしました。

戦略分析には、主観的な評価を加えず、客観的に広範に情勢を検討する作業が不可欠です。そのため「日中関係が親密で、日米関係が後退」した場合とか、「日米関係が後退してグローバリゼーションも後退する」という現在の政府が認めたくないような状況も分析の対象になります。

実際にこうした分析作業をやってみると、現状の固定観念から解放された国際関係のパワーバランスや国家損益が見えてきて、いままで無思考のまま真面目に検討さえしなかったシナリオが、じつは日本にとって大きなメリットがあることに気付くこともあります。

ところが、「現在の政策、いま見えている短期的なトレンドとはまったく異なるシナリオが、じつは日本にとって望ましい」という分析結果が出たとしても、それに応じた政策を考え実行することは、現状の日本では事実上不可能に近い。つまり、現状の政府は、政府として戦略を立案する条件が整っていないと言えるのです。

戦略分析をするということはすなわち、

①自国にとって望ましい戦略情勢の目標や戦略環境を醸成し創造するための積極的な外交政策を立案し、
②望ましくない戦略環境の創出を防止するための予防的政策立案を検討し、
③自国にとって望ましくない最悪の事態になった場合の危機に対する対処政策を策定するうえで不可欠なプロセスなのです。

しかし、日本では、現状の政策、現状のトレンド以外の国際環境を真剣に検討するという戦略的作業をほとんどやっていない。これでは、積極的な外交政策も、予防外交政策も危機管理政策も、戦略的に策定されているとは言えません。

あらかじめ「日米安保、日米関係の堅持・深化」「グローバル化のなかでどうやって生き残るか」という大前提でしか決められない政策は、「戦略」とは別の次元の戦術的思考から生まれた方策にすぎません。戦術的思考に基づく政策は、戦略的変化には適応し得ないのです。

だから現在の日本は、自国に望ましい環境を醸成するような積極的な外交政策をとる能力はないし、望ましくない環境になることを防ぐような予防的な政策も貧弱です。

また、危機管理については、重大な事象が起きてから慌てて事後的な対応策を考えることしかできません。

冷戦時は、米国がつくる国際情勢や環境が日本に有利な状況をたまたまつくってきたため、日本自身が戦略見積をしなくても、戦術的な対応さえとっていれば米国がつくる環境や枠組みに上手く乗っかることができました。

しかし、そのようなラッキーな状況はもうとっくに終わったのだということを認識すべきです。

もはや戦後政治の延長だけで政策を決めている場合ではありません。客観的な戦略見積に基づいた政策立案をしなければ、日本はこれからの国際情勢に対してまったく対応できなくなります。

しかし、依然として、憲法の前文には〈平和を愛する諸国民の公正と信義を信頼して、われらの安全と生存を保持しようと決意した。〉とあります。これは諸国を信頼して我が国は自らの力で国民の生命と国家としての生存を守ることを一切放棄したということです。

防衛省はこの憲法に基づいて日本の防衛政策をつくり、自衛隊はそれに従います。

つまり憲法前文や第九条の考えに従い、自分の国や国民を自らは守らないということを前提に、防衛省も自衛隊も存在しているわけです。

これはどういうことかと言えば、日米関係を維持するためには、自衛隊を持つ必要があり、自衛隊を管理するためには防衛省が必要である。実際の日本の防衛は米国に任せ、米国がきちんと守ってくれるように自衛隊を保持しておこう――という構造です。

極論すれば、自衛隊がいくらがんばったところで、政府が「日本は君たちを使う予定はまったくない」「そんながんばらなくていい」となるわけです。自衛隊のなかでいくらがんばっても、憲法や政府が変わらないと日本の防衛は正常化できないのです。

それなら自衛隊の外から日本を変えてやろうと思った次第です。

伊藤　お互い自衛隊を辞めて、久々に会ったのは高田馬場《たかだのばば》（東京都）の古い焼き鳥屋でしたよね。昼間っから飲みはじめましたが、辞めた話はほとんどせずに、ミンダナオ島の海洋民族の話とか身体操作の話で盛り上がりました。

向かい合ってお互いの手を合わせた状態で、手にかける圧力を変えずに相手との距離や顔の距離を近づけると、一瞬、何が起きてるかわからなくなるというのを、飲みながらやっていたのを覚えています。

確証はないのですが、そのとき公安関係らしい数人に尾行されていたと思うんですよね。陸と海の特殊部隊創設者が、自衛隊を去ってクーデターの密談をしていると警戒したのかもしれません。

彼らの監視のなかで両手を合わせて見つめ合う荒谷さんと私は、かなりシュールだったと思います（笑）

私が残念だったのは、荒谷さんが群長を退任した直後に、特殊作戦群が大臣の直轄ではなくなったことです。

「特殊部隊は総理が使える部隊でなければいけない」という信念のもと、荒谷さんが一五年間かけて実現した部隊が、荒谷さんが去ると同時に群長が大臣と直接話せない部隊に変わってしまった。

陸上自衛隊は特殊部隊を使う気もなく、さらに特殊部隊とは何かということすら理解していないのか？——と思いました。

荒谷　たしかに私が群長だったときは、上級部隊がない大臣直轄の部隊でした。

特殊作戦群は普段、陸上幕僚監部の管理下にありましたが、作戦行動のときは総理直轄部隊となっていました。ところが中央即応集団[*2]ができたことで、特殊作戦群はその指揮下に入りました。

わかりやすく言うと、特殊部隊ではない親玉が上にできたということです。現在、特殊作戦群は陸上総隊[*3]の下に置かれています。一般部隊の指揮下に置かれ、普通の自衛官の指揮下に入った特殊部隊に、特殊作戦はできないでしょう。

軍隊は指揮系統がしっかりしている組織です、指揮官がこうだと言えば、それに従うしかありません。特殊作戦を知らない指揮官の下で、特殊部隊の特殊性がどれだけ保持されるのか疑問です。

伊藤　荒谷さんが退いたら組織は変わってしまうだろうと思っていましたが、その通りになったことで改めて荒谷さんのパーソナリティと存在感の大きさが部隊を維持していたことを実感しました。

特別警備隊も私がいる間は、一般部隊では当たり前となっている訓練実施標準を決してつくりませんでした。訓練実施標準というのは、ある期間内にどの訓練を何回しなければならないかを細かく記したものです。

創隊時にそれを「つくれ」と言われましたが、私は「必要ないので、絶対につくりません」と答えました。「なぜだ？」と聞かれ、プロ野球を引き合いに出したのを覚えています。

「巨人軍に、週に三回ヒットエンドランの練習、週五回スクイズの練習なんて決まりがありますか？　あるわけないですよ。巨人軍の監督もコーチも選手も、いま自分のチームはどこが弱点で、だからどんな練習が必要なのかを考えているからです。

状況によって最適な練習の頻度は変わります。訓練項目、内容、頻度は常に変化するもので、紙に書いて決めておくものではありません」

これでそのときは通りましたが、もしかしたらいまは訓練実施標準があるのかもしれません。

基準に縛られるのは、自衛隊にありがちな傾向だと思います。

自衛隊では根拠法規*4といいますが、自分ではないモノや人に実施する理由を求める習慣があります。

「なぜですか?」と聞くと「決まっているんです」。「誰が決めたんですか?」と聞けば「米軍がやっています」「そういう規則があります」「○○さんが言ってました」と返ってきます。

「私が決めました。なぜなら〜」と自分を主語にして説明することはほとんどありません。

荒谷　自衛隊は大きな組織ですから、管理表があるとやりやすいのです。例えば使用する弾は一年間に何発と決めて、「計画通りにやっています」となれば自衛隊も国民もなんとなくほっとします。

平時には計画通りに進むことが最も大事だと錯覚しますが、有事の際は武力攻撃をしてきたのがどの国かによって対処は変わり、自衛隊がすべきことも変わっていきます。

有事になったとき、平時の計画にどれほどの意味があったのかが初めて明らかになります。

自衛隊はいったん決めた訓練内容を、見直すこともせずに二年目も三年目も四年目もずっと続けがちです。

一年目はそれが有効だったとしても、それができるようになった二年目は、さらにその上の内容に挑戦していかなくてはなりません。能力を向上するためには、常に新しい要素を取り入れ訓練し、積み上げていかなくてはならないからです。同じことばかりを繰り返していたのでは、成長を止めてしまいます。

同じ訓練の繰り返しは、いくらキツイ訓練をやっても、「ああ、今回の訓練で俺は伸びた！」と感じることなく「今年もキツかった」で終わってしまう。

伊藤　こなすことが目的になっている訓練は、訓練よりも撤収に力が入りますよね。自衛隊の片付けは、妙に速いことがあります。訓練をしながら撤収準備をしている感じです。

荒谷　やるべきことが毎回一緒だったら、人はできるだけ簡単にやろうとするものです。

「何のために自分はその訓練をするのか」という一番大事なところを意識できないと、目的を持ってがんばる必要がなくなってしまう。そうなると伊藤さんが言うように、訓練は要領よくやればいい。

帰り道のドライブインはどこが美味しいか、終わったらそこで昼食を食べられるようにしようとかそんなところだけ妙に進化していくわけです。

伊藤　あるあるですね。なぜ出発時間が八時四〇分と中途半端なのかと思ったら、その時間に出ればちょうど一二時に、あるインターチェンジを通過し、その近くの店で昼食を食べるためだったりします。

こういう調整をきっちりできるようになると、自衛官としては熟練の領域に入ってくるわけです。

荒谷　そう考えると、実力の養成は、内容をがちがちに規定せずに、ある程度主体性を持たせておかなければいけない。そうしないとより上を目指そうとする探究心が出てきません。

そういう主体的探究心をベースに、特殊部隊が新しい戦術や武器を開発し、それを一般部隊に普及していけるといい。実際に特殊作戦群では、イラク派遣のときにそれを目指しました。

あのときは陸上自衛隊の全国の部隊がイラクへ行くことになっていたため、特殊作戦群が警備訓練と現地での作戦アドバイザーを担当しました。その結果、一般部隊でそれまでやったことのなかった訓練を普及することができたのです。

そうして、特殊作戦群が新しく開発した戦術や戦技を活用し、陸上自衛隊全般の能力向上を牽引していくやり方が、全国の部隊に、一旦は普及できたのです。

ところが皮肉なことに、今度はそのやり方を新たな基準として固定化し、さらなる改善や進展をしないことで、そのやり方が成長を妨げるようになってしまう。なかなか難しいものです。

＊1　NSC（国家安全保障会議）

国家安全保障に関する重要事項および重大緊急事態への対処を審議するために、内閣に置かれた行政機関。議長は内閣総理大臣。平成二六（二〇一四）年の第二次安倍晋三内閣のときに創設された。平成一六（二〇〇四）年の第一次安倍内閣のときに提唱されたが、のちの福田康夫内閣で廃案になった。その後、民主党への政権交代を経て、自民党が衆院選に圧勝し安倍氏が政権の座に返り咲いたのは平成二四（二〇一二）年。提唱から八年を経て実現した。ちなみに、ＮＳＣの事務局として内閣官房に置かれているのが国家安全保障局（ＮＳＳ）である。

＊２　中央即応集団

陸上自衛隊における、防衛大臣直轄の部隊（平成一九〔二〇〇七〕〜平成三〇〔二〇一八〕年）。国内における各種事態の発生時にその拡大防止を図り、また国際平和協力活動に迅速・継続的に派遣する場合などにおいて中心的役割を果たす部隊である。第一空挺団や第一ヘリコプター団といった機動運用に適した部隊、特殊作戦群や中央特殊武器防護隊のような専門部隊も有しており、事態発生時にはこれらの部隊を各地に迅速に派遣する。

東日本大震災に際しては、原子力災害に対応するため、中央特殊武器防護隊を中核とした地上からの放水や除染活動、第一ヘリコプター団のＣＨ－47による空中からの原子炉への水投下やモニタリング支援を福島第一原子力発電所で行った。平成三〇年に陸上総隊創設に伴い廃止。

＊３　陸上総隊

平成三〇（二〇一八）年に創設された、陸上自衛隊における防衛大臣直轄の部隊。中央即応集団からすべての直轄部隊が移行された。同部隊は平素から運用に関わる事項について、方面隊等を指揮する。

また、陸上総隊司令部は統合幕僚監部、自衛艦隊司令部、航空総隊司令部等、それから米軍との間における平素からの運用に関わる調整を一元的に実施。これにより、迅速かつ円滑な部隊運用と調整が可能となるため、総合運用の実効性が向上することになる。

＊4　根拠法規
制度や施策を実施する際、根拠となる法令や法律。

退官後の活動

伊藤　私は平成一九（二〇〇七）四月末日に退職を認める辞令の交付を受け、二日後の五月二日にはフィリピンのミンダナオ島に向けて出国していました。

ミンダナオ島は、特殊部隊の技術を維持するべく、海に潜れて銃が撃てるという、ふたつの条件で選んだ場所でした。

　ミンダナオ島には知人も〝つて〟もなかったので、場合によってはすぐ帰国するかもしれないと思い、最初にキッチン付きの部屋を三〜四泊予約しました。現地に着いたら想像よりも治安が悪かったのですが、ダイビングと射撃の環境は理想的でした。

　そこで現地のダイビングショップを訪ね、自分のダイビング経験を説明したうえで、「若いダイバーに教育もするし、土地に慣れたら無料で客をガイドするから潜らせてくれ」と頼んだら、店主は大喜びで、「すぐ来てくれ」となりました。

　もし給料をもらったとしても、日本の貨幣価値では微々たる額ですし、働ける

ミンダナオ島での伊藤

ビザでもないので給与なしにしました。

そうこうしているうちに店のスタッフと親しくなり、彼らに住む場所を探してもらってそこに落ち着きました。壁に銃や水中銃が飾ってあったその部屋に、三年半ホームステイのような形で住んでいました。

帰国したきっかけは、現地のスパーリング・パートナーだったある女性に「あんたの国は、なぜ先祖が残してくれた掟《おきて》をすてて、アメリカがつくった掟を守っているのだ」と問われたことでした。正直、グウの音も出ませんでしたね……。

彼女は「あんたは『自分の国を守る技術を習得するためにここに住む』と言ったが、その土地に本気で生きた先祖が、本気で生きる子孫のために残した掟を捨てるような人たちをなぜ守りたいんだ。あんたも同類の人間か？　もしそうなら、私はそんなやつと同じ時間は過ごさない。どちらかが死ななければならない」と言いました。

彼女は部族の掟を守るために戦い、そのためなら命を捨てることも厭わない。イスラム教とキリスト教の境界地域という紛争が多い場所で生まれ、育ち、生き抜いている。彼女の言葉には戦う意義の本質がありました。

彼女は掟と言いましたが、国家が目指すものを曖昧にしている私の祖国、日本の姿勢を、遠く離れた海外で気付かされました。

目指すものが曖昧になっているならば、一体俺は、何を守ろうとしたんだろう？　ここにいる場合じゃない。日本に帰って、守る対象を明確にしなければと感じ、数日後に日本に戻りました。

帰国後は警備会社などのアドバイザーを務めながら私塾を開き、自分の知識や技術、経験をお伝えしています。

日本に戻ってからしばらくして、彼女が死んだことを人づてに知りました。いま、彼女に同じ言葉を投げかけられたら「お前は、憲法を掟だと思ってるのか？　俺もあのときはそう思ったけどな、それは違うんだ。あんなもの平時にしか通用しないルールにすぎない。

日本人にとっての掟は、俺たちの身体のなかに流れている感性だ。感性だから非常時だろうと絶対に変わることはない。俺は、〝それ〟を貫くために生き、〝それ〟を守るためであれば命を賭して戦う。

〝それ〟とは、はしたなさを蔑《さげす》み、潔さを尊ぶ。この地に本気で生きた先祖が一番大切にずっと積み上げてきた日本の美学だ。たしかにその意識がいまは薄くなってるけれど、なくなることは決してない。

民族に危機が訪れたときその掟は、身体の奥から湧き上がってくるからだ。憲法なんぞと一緒にするな」と説明したいですね……。

荒谷　私は平成二〇（二〇〇八）年に退職したあとは、以前から通っていた明治神宮にある武道場「至誠館」に勤め、平成二一（二〇〇九）年に館長に就任しました。至誠館は欧州やロシアにある道場と関係が深かったため、退職するまでの間は毎年欧州やロシアを訪れ、海外の門人たちにも日本武道を通じて日本の文化伝統の価値を伝えました。
自衛隊の外から日本を変えようという構想が形になったのが、平成三〇（二〇一八）年に三重県熊野市に設立した国際共生創成協会「熊野飛鳥むすびの里」[*5]です。むすびの里は日本の自然と伝統文化を礎《いしずえ》にし、「農業」「教育」「武道」の三つ

むすびの里開設後、熊野の七里御浜にて荒谷による早朝の奉納演武

むすびの里の師霊武道場で稽古中の荒谷。ミスターPRIDEこと小路晃氏も参加（左列奥）

の柱で共同体を運営しています。単なるコミュニティではなく、生きるためにともに働く共同体です。

ここでは、共助共栄を「農」で実践し、日本の伝統秩序を「学んで」それを継承し、大丈夫《ますらお》の気概を「武」で体得して和を守る。

これは国家にとっても重要な三大事業です。行きすぎたグローバリゼーションで破壊された日本文化を再生し、日本国民が自ら、守りたい国「日本」をつくることを目指しています。

それこそが、本当の国防にほかならないと考えるからです。

＊5　熊野飛鳥むすびの里

平成三〇（二〇一八）年、荒谷が三重県熊野市に開設した、国際共生創成協会の活動の場。田畑のある広大な敷地に、武道場、塾、宿泊所、露天風呂、キャンプ場を有している。立派な柱が屋根を支える武道場や露店風呂は、林にそびえる木々を斬り倒し、木材に加工して建てられた。縦横に張り巡らされた用水路は、山の清らかな水を運ぶ。水田では毎年立派な稲穂が実り、むすびの里の理念に共感した仲間たちが稲刈りに参加している。

いま日本に、そして特殊部隊に思うこと

荒谷　日本は大東亜戦争までは、グローバリズムと戦ってきました。ところが、終戦後の七年間に及ぶ米軍占領下に、日本国はグローバリゼーションの側の手先と化してしまいました。

自分たちが何を守ろうとしていたのか、何と戦っていたのかを完全に忘れてしまい、日本人が命をかけて守ろうとしていたものを日本人自らが破壊することになっています。

とくに冷戦後は、グローバリストが掲げる新世界秩序が世界を制覇しようという動きが始まりました。最近では、コロナを使ったショック・ドクトリンでそれが急速に進展し、また、ゼレンスキーを操ってウクライナ問題をエスカレートさ

せ、最後の反グローバリゼーション国家であるロシアの崩壊を狙うなど活発化しました。

そして、世界経済フォーラムが提唱するグレート・リセットで、まさに全世界規模の革命を起こし、国民主権国家を廃絶してパワーエリートをトップとする地球レベルでの政治・経済・金融・社会政策の統一を達成し、末端の個人レベルの思想や行動を統制・統御する管理社会が現実味を帯びるところまできました。

他方、この急速なグローバル化の稚拙なやり方によって、彼らグローバリスト自身が自滅する兆候が見えてきました。具体的には、コロナ騒動を煽ることで、グローバリストに管理された政府やメディアに対する世界中の人々の不信感が決定的レベルまで高まり、ロシアに対する経済制裁によって、逆にプーチン大統領が掲げる反新世界秩序へと世界の諸国家が賛同し始めたわけです。

残念ながら、日本にいると、このような大きな世界情勢が見えてきません。

それは、米軍占領下に海外情報を収集する政府機能の保有を禁止され、国際情勢判断は米国から与えられた情報に頼るようになってしまい、またＧＨＱが検閲していた情報操作が、メディア内部で自己規制化するようになり、米国の意図に沿った偏向報道しか流さなくなったからです。

こうして米国による情報管理体制が戦後は確立したわけですが、コロナ以降は、ほとんどまともな報道がなされなくなってしまいました。現状は、大手メディアの流す情報は、報道ではなく明らかに洗脳活動と化し、政府ですらもそれに追随している状態です。

まともな国民は、このような状況に気づいていますが、これほど強烈に社会全体を管理しているグローバリストに対し、戦う術を見いだせず半ば諦めているのが実態だと思います。

現下の真の脅威は、米国グローバリストが画策したウクライナ紛争がエスカレートして第三次世界大戦に発展することです。そうなれば、米ロ核戦争は避けられないでしょうし、米国は、安倍政権で成立した存立危機事態を根拠に、日本に対し防衛出動を要求するでしょう。

つまり、日米同盟があるがゆえに、理由はないにもかかわらず、ロシアも日本も戦争せざるを得なくなるわけです。そして、在日米軍基地が対ロ攻撃拠点となり、日本領域から対ロ核攻撃がなされれば、当然、ロシアから日本に対する報復核攻撃があります。

ですから、個人的には、いまは歴史上最も高いレベルで核戦争の危険性が増していると感じています。

いくら日本に憲法第九条があっても、米ロの軍事的対立が生起すれば、米国に隷属している日本も関わらざるを得ません。

日本の安全保障は、ありとあらゆるケースを考えないとなりませんが、いまの日本には、戦争を遂行するメカニズムがありません。ですから当然、日米同盟が実際に機能するメカニズムもありません。

これらは、自衛隊の能力の問題ではなく、国として軍事力を運用できる仕組みがないということです。政府に戦争ができるメカニズムがないということは、実際に動かなくてはいけない地方自治体も、戦争時に何をしていいのかわからないでしょう。

つまり、有事に関して具体的なプランがないわけで、実際には何も機能しないということです。米軍が日本を助けてくれるなどというのは、まったくの絵空事です。

伊藤　国民のなかには、有事を本気で考えない空気があります。

どの国も有事の際は国家権力が民間の活動を制限し、軍事を優先しますが、日本人は先の戦争において国家総動員法[*6]に縛られた歴史があるせいか、国家権力に対する警戒が強い。

荒谷　伊藤さんが言うように、有事に関する国民的議論はなかなか進まないようにみえます。しかし有事は、いつやってくるかわかりません。政府や自治体だけでなく、国民も日本が武力攻撃を受けたらどうするのか、具体的に考えておくべきです。

大規模災害では、自衛隊が出動し災害派遣活動を行いますから、大半の国民は「自衛隊が来てくれて良かった」と安堵します。武力攻撃を受けたときも自衛隊が同じように動いて国民を助けてくれると思っている人は多いかもしれませんが、侵略事態においては、自衛隊の主任務は侵略対処ですから、国民保護活動はほとんどできないでしょう。

津波が来たら高いところに逃げるなど、自然災害は過去の歴史から助かる方法をある程度は予測できます。ところが人間が起こす戦争は、弾がどこに飛んでくるかが読めませんから、国民はどこへ逃げればよいか見当もつきません。

人災である戦争時の混乱に対処するには、普段から「武力攻撃を受けたらどうするべきか」ということを国民全体で考え、備えておく必要があります。

伊藤　有事にどうするかを考えない、あるいは考えられないのは、元となる国家理念がないからではと思うことがあります。

日本という国は、何を目指し、何を良しとするのかという国家理念を曖昧にしています。そこが据わらないと、目の前にある日常の継続がもっとも大切になってしまう。

武力攻撃を受けて、すべてを平等に守ることができない状況になったとき、何を捨てて何を守るのかを決めなければなりませんが、そのときに立ち返るのは、国家理念のはずです。そこが明確でないということは、決断ができないということです。

ところで荒谷さんは、いまの特殊作戦群に何を思いますか。

荒谷　自衛隊を辞めた民間人として想像することしかできませんが、特殊作戦群の技能は、多分かなり高いレベルに到達していると思います。

決められたことを完璧にこなすという意味では、きっといまの特殊作戦群は良い状態でしょう。

しかし大切なのは、任務を遂行できる能力を身につけるために、やるべきことをすべてやっているかです。

任務を遂行できる能力というのは、任務を与える側のニーズに確実に応えることができる能力ですから、受ける側が勝手に決めることはできません。

つまり、総理がいま何を考えているか、どんなときに特殊部隊を使おうとしているのかがわからないと、どのような能力が必要なのかは見えないのです。

現状、総理と特殊部隊間の距離は、一般国民と同じような状況ですから、総理がいざというときに特殊作戦群を使おうとしても、総理は特殊作戦群に何を要求できるかわからないでしょう。一方、特殊作戦群も総理に何を期待されているのかがわからなければ準備ができず、命令を受けても、すぐには動けないという状況が生まれてくるでしょう。

特殊作戦群が持つ高い能力を活かすには、向かうべき方向がしっかりと示されなければなりません。それがないと、命令権者の考えていることと、命令を遂行する部隊の意識ギャップが生じ、部隊は自分たちで考えたことだけをひたすらやりつづけることになってしまいます。

伊藤　私も特殊部隊は総理が使いたいと思ったときにいつでも使える部隊、そして与えられた任務を確実に果たせる能力を持つ部隊であるべきだと思っています。不審船から日本人を奪還する不正規戦で特別警備隊が目的を果たすには、総理と部隊がしっかり結びついていなければなりません。

日本が何を望み、何を守るのか。そして特殊部隊は何ができるのかについて、総理と意見交換できる場は必要不可欠です。

それがあるからこそ、特殊部隊は将来与えられるであろう任務に備えて、自らを向上させていくことができます。

荒谷　それは特殊部隊に限らず、一般部隊にも同じことが言えます。

日本に国防上の危機が生じたときは、自衛隊が動きます。ところが、何をどこまで守るのか、またどういうやり方で守るのか、そうしたことを自衛隊の部隊のトップも総理と突き詰めて会話したことはありません。両者の意思疎通メカニズムの欠如は、総理が自衛隊の能力を理解し、部隊を使う際の具体的なイメージを持つことを阻んでいます。

この状態は平時が続く限り問題になりません。しかし有事となった際、自衛隊が「想定外だから動けない」となれば、あらゆる場面に深刻な影響を与えます。

例えば自衛隊が商用の港や民間人の土地を使うとき、また物資を自衛隊優先にせざるを得ないときはどうするのか。「そのときがきたら考えます」では、国を守ることはできません。

特殊部隊だけでなく自衛隊としても、総理と歩調を合わせることで国家として何を目指しているのかを把握し、有事に備えるたしかな仕組みをつくっておくべきだと思います。

伊藤　私が自衛隊を辞めてから一五年になりますが、いま特別警備隊がどうなっているかは正直わかりません。辞めて民間人になった以上、部隊に干渉することはできませんし、するべきではないと思います。

一般的に、新しい組織は生みの苦しみがどうのこうのと言われますが、特別警備隊の場合は大したことはありませんでした。創らなければならないという切羽詰まったものはありましたが、だからこそモチベーションは組織全体にありましたし、ゼロから創るわけですから、しがらみのようなものがなかったからです。

しかし、既存のものがある場合、現状に合致していないからといってそれを変えなくても、大して目立たず、切羽詰まったものがないから、モチベーションが上がるものでもない。さらに、現状とのズレというのは、ジワジワとやって来るので、見て見ぬふりをしようと思えば、できますしね。

さらに、変えるとなると、既にあるものを壊すという作業もしなければならない。それに抵抗するジイ様もいる。それらすべての処理が終わってから、ようやく新しいものを創る作業にとりかかれるわけですから、遙かに困難なはずです。しかし、その困難な変化をしつづけなければ、組織は必ず弱体化する。無責任な言い方ですけど、現職の特殊部隊員の奮励に期待するところです。

荒谷　特殊部隊の一般部隊化は、自衛隊という行政組織では起こり得ると想像します。

特殊部隊を創設したばかりのころは、まったく新しい部隊をゼロから創り上げたことで、一般部隊のような規則や訓練の基準はありませんでした。ところがだんだん時間が経過するうちに、組織は管理しやすい体制を模索し、それを目指していきます。従来の決まりごとには縛られない特殊部隊のなかにも、次第に行政的判断から約束ごとができてきます。すると特殊部隊の特殊性が失われていく場面も出てきます。これは自衛隊が戦争をしない行政組織である限り、避けられないことだと思います。

＊6　国家総動員法

支那大陸で長引く日中の対立を背景に、昭和一三（一九三八）年、第一次近衛文麿内閣で施行された法律。国家の人的、物的資源を政府が統制し、運用できることを規定した。国力のすべてを軍需へ注ぎ込む「総力戦」こそが、戦争を勝利に導くという認識が背景にあった。

この法律は日本軍国主義の負の遺産のように評されているが、実際のところ第一次世界大戦以降は、国力を総動員しないと戦争に勝てない状況（国家総力戦）にあり、各国が導入していた。

国家総動員法により、我が国の政府は議会の承認を得ずに陛下の「勅令」として法律を制定できるようになった。

第四章

命を捨てても守りたいもの

生きること、死ぬこと

伊藤　もともと私は普通の人より、死は勿論、色々なことへの恐怖が薄いほうだと思いますが、恐怖を感じることがまったくないわけではありません。

自衛隊を辞めたとき、収入が途絶えることを考えると、手が震えるぐらい恐かったです。特殊部隊の訓練では「下半身がなくなるぐらいでビビってんじゃねえ！」と隊員を怒鳴っていたのに、ひどいものですよね。

当時、私の子供は小学六年生と中学二年生でした。無職・無収入になれば、養育費を払えなくなり、子供を学校に行かせられないかもしれないという恐怖がありました。しかし彼らを育てるために自衛隊に居つづけたら、きっと後悔する。そうなったとき、俺は後悔を子供のせいにするだろうと思いましたね……。そんな自分になることが、さらに大きな恐怖でした。

荒谷　私は年寄りがいる昔ながらの大きい家族で育ったので、生活のなかで死に触れる機会がありました。祖父と母は手を取って看取り、祖母と父が亡くなる日は、そばにいることができました。

そこで感じたのは、本人の意志に関係なく人は皆死ぬということです。死を忌避しながら生きると、何でも恐くなります。

例えば車でトンネルを走行中に天井が落ちたら……車を運転して事故に遭ったら……等。何に対してでも心配になると、自分が何をやりたいか、何をやるべきかという方向に目が向かず、リスク回避ばかりに気をとられます。

それでは生き方全体が寂しくなってしまうでしょう。

基本的に人は一生懸命生きなければいけませんが、それが故《ゆえ》に死ぬことがあります。原発事故の作業員などの危険な仕事に従事する人が、自分たちがやるべきことを全《まっと》うしようとした結果、死に遭遇する。悲しいことですが、それはとても尊い生き方だと思います。

死を恐怖して避けつづけた結果の死と、自分が信じる生き方の結果の死は、同じ死でも違う意味を持つと思います。

伊藤　私の人生観と死生観は単純です。

あちこちで色々言っていますが、私のなかにも「生きていたい」という感情があり、それは弱いわけではありません。

しかし自分の命よりも大切なものを持っていたいという願望が同時にあり、そちらのほうが強い。自分の命よりも大切なもののためであれば、「生きていたい」という感情を諦めることができますし、そういう生き方がしたいのです。

ではその大切なものは何かといえば、「公」や「大義」に殉ずるということになるんですよね。

一見難しい言葉ですが、じつは公や大義を尊ぶ気持ちは、田舎の暴走族にだってあるんですから……。傍から見たら暴走行為をする迷惑な存在でしかないやつらでも、仲間のためや組織の筋を通すために「俺らが行かなくてどうする！」と雄叫《おたけ》びをあげてから走りはじめます。

「暴走族はちょっと違うんじゃないか」と言われそうですが、殉ずるという姿勢には、何か人を奮い立たせるものがあるじゃないですか。

荒谷　私がいつも意識しているのは、生き方に美学を持つことですね。私は最期まで、自分が理想とする自分でありたいと思っています。世の中から「変な人だ」「あいつは馬鹿なのか」と思われても、自分を変えずに通したい。

歴史上の人物を「かっこいいなあ」と思うことってありますよね。あれは世の中がどうであっても、自分が正しいと思ったことを、生死を問わず通すからだと思うのです。

自分が信じることを完遂しようとすると、死が身近になることがあります。例えば志願して軍人になったのであれば、どこかの国が攻めてきたときは戦わなくてはなりません。それは死が身近になる瞬間でしょう。もしそこで「死ぬんだったらやめます」なんて言ったらものすごくかっこ悪い。それが嫌だから、最期までかっこよく生きるとなる。

伊藤　そういえば荒谷さんは以前、楠木正成《くすのきまさしげ》＊1を尊敬しているとおっしゃっていましたよね。

荒谷　楠木正成はすごいですよ。鎌倉時代末期に活躍した楠木正成は、足利軍との戦いで敗れますが、そのとき「七度同じ人間に生まれかわり朝敵を滅ぼす」

（七生滅賊《しちしょうめつぞく》）と言って兄弟刺しちがえて死んでいきました。

もし自分が楠木正成の生まれ変わりだとしたら、いま何回目だろうと想像をふくらませるくらい好きです。

伊藤　う〜ん、荒谷さんらしくて、好きですね……。

おそらくほとんどの人にとって、命はもっとも大事なものでしょう。そりゃそうですよ、ひとつしかなくて、二度と手に入れられないものですからね。でも、それを捨ててでも守りたいもの、成し遂げたいものがあるという共通した死生観がないと特殊部隊は成り立ちません。

一番大切なのは、任務を遂行すること。そうなると死ぬことは、どうでもよくなります。生きつづけることは二番ですから……。死ぬことよりも、任務を遂行できないことのほうが恐いです。

荒谷　伊藤さんが言う「生きつづけることを二番目に置く」ことで得るものは大きいと、私も思います。

軍人は危ないことに慣れていますが、その軍人でさえ、「それをやると死ぬ」

「危ないからやらない」ということはたくさんあります。しかし特殊部隊は危ないことをやる。それが特殊作戦です。

一般部隊なら確実に死ぬ作戦でも、特殊部隊は遂行できます。不可能なことができれば、そこに奇襲効果が生まれます。

特殊作戦は、死を覚悟することで自由度が増すものです。

通常、死ぬ確率が高いとなれば、その作戦を躊躇《ちゅうちょ》するでしょう。しかし特殊部隊の場合、どんなに危険で死ぬ確率が高くても、絶対に成功する方法を考える。「こんな崖を登ってくるわけがない」「こんな日にパラシュート降下するやつはいない」「暴風雨のなかでは、海からの上陸は不可能」など、「そんなことをしたら死ぬ」は、私たち特殊部隊にとってはチャンスなのです。

作戦が決まれば、あとは死なないように訓練するだけです。生きて作戦を遂行できるやり方を探り、訓練でその能力を身につけ、躊躇せずに実行する。

普通だったら死のリスクは避けるものです。しかし敢えてその死のリスクを避けず、リスクをリスクでなくするところに、特殊作戦があるのです。

伊藤　まったく同感です。一見「危険そう」「こりゃ死人が出る」と思うことでも、真剣に方法を詰めて道具を研究して、所作《しょさ》を訓練していくと可能になるものです。何だってそうですよ。プロフェッショナルとはそういう生き物です。

野球だってそうですよね。時速一五〇キロ近いボールを縦に大きく変化させて、しかも自分の思っているところに投げ込むなんて、普通は不可能なことです。

体操競技だって、スキーのジャンプだって、信じられない動きですよ。でもプロならできるんです。

特殊部隊員というプロフェッショナルは、いつどんな試合があるのかは、その直前までわかりません。年俸何十億円ももらえませんし、金メダルも国民栄誉賞もない。けれども、生命をかけて、普通に考えたらできないことをできるようになろうとしているという点では同じです。

荒谷　死にたくないという気持ちは、思考や行動を縛ります。

仕事がなくなったら収入が得られずに死ぬかもしれないと思えば、嫌な会社でも辞められません。世の中の多くの人は、そう考えてがんばっています。

しかし「自分は死んでもやるべき仕事をやるんだ」と決めれば、やりたくない仕事を我慢してやる必要はないと感じるでしょう。死ぬかもしれないと思っていたことでも、実際やると決めてやってみたら意外に死なないとわかるものです。

人生の岐路で自分が進む方向を選ぶときに検討するのは、何に自分の知恵、体力、時間をかけるかです。そこにはふたつの道があります。

ひとつは戦術的思考。これは、現状認識から始まります。自己の保全を考え、既定の選択肢から自分にできそうなものを選んで、自分の思いや心は殺して周りに合わせながら暮らす生き方です。

もうひとつは、戦略的思考。まずは自分の夢や理想を生きる目的として規定します。そして、それを実現するために現状をどう変えていくかを考え、そのプロセスを創造します。あとは、死ぬまで自分の思いと本心を裏切らないように力を尽くすだけ。勿論どちらの道を行くかに正解はありません。

＊1　楠木正成

鎌倉時代末期から南北朝時代の武将。永仁《えいにん》二（一二九四）年、河内国《かわちのくに》赤坂《あかさか》（現・大阪府千早赤阪村《ちはやあかさかむら》）の生まれ。当時は鎌倉の北条氏による政治が乱れており、後醍醐天皇《ごだいごてんのう》の倒幕計画に同調した勢力が蜂起して起きた「元弘《げんこう》の乱」で後醍醐天皇に召し出され、力の限り国のために尽くすことを誓う。このとき正成三七歳。

下赤坂城《しもあかさかじょう》の戦いで奮戦するが、圧倒的多数の幕府軍には勝てず、城に火を放ちひそかに落ち延びた。後醍醐天皇は隠岐《おき》に流されるが、正成はわずか一〇〇〇人ほどで千早城《ちはやじょう》にて再び挙兵。権謀の限りを尽くした籠城作戦に数万の幕府軍は翻弄され、大軍を注ぎ込んでも攻め落とせなかった。

その奮闘に勇気を得て、各地の武士たちは「打倒鎌倉幕府」と蜂起した。数万の幕府軍を千早から敗走させ、幕府を崩壊に導いた正成は、隠岐を脱出された後醍醐天皇を兵庫の津で奉迎し京都まで先導、建武中興《けんむちゅうこう》に貢献した。

しかし、まもなく足利尊氏は将軍となって再び武家の政権を復活させようと、叛旗《はんき》を翻した。正成は足利の大軍を打ち破るための献策をしたが、浅はかな公卿等の反対により、取り上げられなかった。正成は決死の覚悟で兵庫に出陣。途中、桜井《さくらい》の駅（現・大阪府島本町《しまもとちょう》）で、嫡男の正行《まさつら》に、「河内へ帰って国や母を守り、父に代わって天皇をお助けし、最後までお護りするように」と諭し、河内へ帰した。これが有名な「桜井の別れ」である。

延元《えんげん》元（一三三六）年の湊川《みなとがわ》の合戦では、足利の大軍にわずか七〇〇騎あまりで対峙《たいじ》、戦いは朝から夕方まで続いたという。もはやこれまでと、正成らは、湊川の北方（現在の湊川神社の御殉節地《ごじゅんせっち》）まで落ち延び、弟正季《まさすえ》と「七生滅賊」を誓い合い、兄弟刺し違えた。これがのちの「七生報国」へと繫《つな》がっていく。

皇居外苑の一角に、建武中興の忠臣として正成の銅像が建てられている。また、室町時代に記された『太平記』では、類まれな戦術家として描かれている。

戦いとは何か

伊藤　私は戦いとは、肉体的、物理的な行動を強要し合うことだと捉えています。相手が嫌だといっても、何かを強要するために様々な行動に出る。相手が強要するものを受け入れられなければ抵抗する。当事者間に生じるそれらを戦いだと考えています。

世の中では、いろいろな意味で「戦い」という言葉が使われています。

例えば裁判で争うことも、戦いと言ったりしますが、私にとって裁判は戦いでも何でもない。刑務所に収監される懲役は別ですが、民事裁判で判決が出てもそれに従う気がない人は従いません。そこには肉体的、物理的な行動を強要されない自由がまだあると言えます。

荒谷　どういうときに戦いになるのかを考えると、クラウゼヴィッツ[*2]が言うとおり、意思と意思が対立し修復できない状況で戦いが生じます。異なる考え方を持つ人間の意思がぶつかり、かつ両者に妥協を図る共通のルールがない場合に戦いが生じるわけですね。

伊藤　戦いについて語るとき、戦いを避けることは平和なのかという問いがあります。

とにかく争うことを避け、戦わない。戦うことを「悪」と捉える考え方を持つのは、その人の自由ですから否定しません。なかには「戦うぐらいなら、すべてを捨てます」という人もいるでしょう。

では「戦う」という選択肢を選ぶのはなぜかと言えば、そこに譲れないものがあるからだと思うのです。

戦う以上、結果がどうであれ、目に見える何かを必ず失います。その損失を覚悟しても、守りたいものがあれば戦う。譲れないものが何もなければ、「戦っても意味がない」「降伏したほうが得」という発想になるでしょう。

荒谷　戦いが意思の対立から起きるとすれば、意思がない人は戦いません。

現在パワーエリートと称するグローバリストたちが創ろうとしている新世界秩序の世界では、少数の意思を持った者が、意思を持つことを禁止された多数の者をひとつのルールで管理する社会となるため、戦いが起きずに平和な社会となると説明しています。

いわゆる奴隷社会では戦いが生じないので平和だという理屈です。

このように、自分に大切なモノがなければ、戦わなくて済みます。でも自分でどうしても曲げられない、譲れない、守りたいモノがあれば、最終的に人は戦うことができる。

戦後の日本に多い、戦うことは「悪」と考えている人たちは、大切なものがないのだと言えるかもしれません。

憲法第九条に記されている戦争の放棄、戦力の不保持、交戦権の否認は、「日本は戦いません」という宣言です。これは日本人はたとえ戦ってでも守りたいという価値観を持つことはありませんと言っているに等しい。

戦後に生まれた日本人は、この憲法に基づき戦わないことがとても大事な価値観だと教わってきました。

しかしその人たちは、家族が殺され、自分が殺され、目の前で大事な仲間が引き裂かれ惨殺されても、「戦いは駄目ですよ」と本当に言えるのでしょうか。

多分その人たちは、そこまで深刻に考えていない。なんとなくイメージで「戦いは悪い」と思っているだけのような気がします。

伊藤　戦っても戦わなくても、得るものと失うものがありますよね。

例えばもし日本が武力攻撃を受け、降伏して奴隷になったとしたら、日本人としての主権、名誉や尊厳は失うでしょうが、生命や財産の損失は抑えられます。

これは目に見えないものを捨て、目に見えるものを守る選択です。

しかし「そんなことをするくらいなら死んだほうがいい」と考える人間は、戦うことを選びます。

これらふたつの選択には、目に見えるものと目に見えないもの、それぞれに対する価値観の違いが存在しています。

荒谷　戦わないことが正しいと考える人たちは、思考にリアリティがないと思います。

争いや戦争は、自分の都合だけで起きるものではありません。

例えば学校にジャイアンのようなイジメっ子がいたとします。いじめられる側が何も抵抗しなければ、イジメはずっと続きます。

子供のイジメなら、周りの大人が「そういうことをしちゃダメだよ」と注意したり、校則や法律に守られたりして、一定のところで収まるかもしれません。

しかし国際社会は違います。国家のように法律を犯したら罰せられる仕組みが整っていない国際社会では、他国の国民を皆殺しにしようが何しようが勝手です。実際にそういう国がいまも数多く存在し、多くの人々を苦しめています。

そうした国に自分の大切な家族が殺されても、彼らは「戦ってはいけない」と言い、無抵抗を貫くのでしょうか。

よく、「どこかの国が攻めて来たら、白旗を揚げればいいじゃないか」と言う人がいます。たしかに白旗を揚げれば、戦いは起きないでしょう。

しかし日本を占領したその国は、占領した日本人を徴兵し、新たな戦場に送るでしょう。

戦うのが好きな国の隷下に入るということは、その国の一部になって戦いに行くということになります。そうなったときに、その人は占領した国の兵隊として戦うことも拒否するのでしょうか。徴兵を拒めば処刑されますから、戦わないという選択は命を捨てることと同義になります。

そこまで考えて白旗を揚げるのなら「そうですか」と言うしかありませんが、私はその行為には賛同しません。

なぜなら、その人はともかく、ほかの多くの日本国民が、そうやって死んでもいいとは思っていないはずだからです。

国民全員が戦わず、皆殺しにされても文句を言わないという同意があるのなら、それは国家的意思として仕方ないのかもしれません。それでも私は抵抗しますけどね。

ひとつエピソードを紹介します。平成四（一九九二）年に国際連合平和維持活動（国連PKO）[*3]の一環として、自衛隊がカンボジアへ派遣[*4]されたときのことです。自衛隊のカンボジアでの役割は、道路等の補修作業でした。日本の反戦平和団体も現地でNPO活動[*5]をしていましたが、彼らはゲリラに襲われると悲鳴を上げながら自衛隊のキャンプに逃げてくるのです。

ところが「助けてくれ」と言われても、こちらは助けられない。

というのも、戦後初の自衛隊の海外派遣は国内世論に大きな抵抗を生み出していました。国連の要請と国民の反戦意識のはざまで政府が下したのは「これは派兵ではなく派遣です、戦闘行為はしません」というものだったのです。

現地での戦闘行為は禁止されているわけですから、日本の反戦平和団体がゲリラに攻撃されても、正当防衛以外に自衛隊は戦うことはできません。そこで日本国民を助けることは憲法と法律によって禁止されているわけです。

すると彼らは「何のための自衛隊なんですか」と文句を言う。「戦ってはいけない」と主張する人たちは、いざ自分が攻撃を受けた途端、戦えと言うわけです。つまり、自分たちが危険にさらされるかもしれないという現実を完全に無視しているわけですね。

＊2　クラウゼヴィッツ

カール・フォン・クラウゼヴィッツ（一七八〇〜一八三一）。プロイセン王国の軍人、軍事学者。最終階級は少将。ナポレオン戦争に参加。戦後士官学校校長となり『戦争論』を著す。同書は現在も世界中で読まれる名著で、戦争の定義から始まり、「戦争の性質」「戦争の理論」「戦略編」「戦闘」「戦闘力」「防御」「攻撃」「作戦計画」の章に分かれている。とくに「戦争とは、異なる手段によって継続される政治である」という言葉が知られている。

＊3　国際連合平和維持活動（国連ＰＫＯ）

（United Nations Peacekeeping Operations）国連が紛争当事者の間に立ち、停戦や軍の撤退の監視等を行いながら、対話を通じて紛争解決を支援する活動。日本は平成四（一九九二）年のアンゴラから始まり、カンボジア、モザンビーク、ゴラン高原、東ティモール、ハイチ、南スーダンの活動に自衛隊を派遣した。

＊4　自衛隊がカンボジアへ派遣

平成四（一九九二）〜平成五（一九九三）年、ＰＫＯとして自衛隊がカンボジアに派遣された。当初、現地では道路や橋などの修理、水や燃料の供給、物資の輸送を中心に活動したが、平成五年には医療業務、給食業務、国際連合カンボジア暫定統治機構（ＵＮＴＡＣ）等の要員用宿泊施設と作業施設の提供業務が追加された。

＊5　ＮＰＯ活動

団体の構成員に対し、収益を分配することを目的としない団体である特定非営利法人（ＮＰＯ：Non-Profit Organization）が行う、ボランティアをはじめとした市民の自由な社会貢献活動。

憲法第九条と自衛隊

伊藤　カンボジア以外にも、自衛隊はこれまで何度もＰＫＯ活動等に参加していますよね。

自衛官は紛争地を訪れることで、国内にいるときよりも「戦わない日本」の歪《いびつ》さを強烈に感じるのではないでしょうか。

荒谷　伊藤さんが言うように、自衛隊はカンボジア、イラク、南スーダン等多く[*6]の国と地域に派遣されています。現地でどうだったかといえば、戦闘行為ができない自衛隊は、他国の軍隊が警備につかないと外に出られませんでした。

他国の軍隊に「あなたたちが持っている鉄砲は弾が出ないのか。出るならなぜ自分で自分を守れないのか」と聞かれても、「憲法上できないんです」と答えるしかない。

キャンプが攻撃されたら、当然そこに駐屯する各国の部隊は協力して戦います。ところが自衛隊だけは「すみません、我々は戦闘できないので隠れます」となる。

危険な状況で他国の軍隊に「貴方たち、鉄砲を持っているなら一緒に戦おう」と頼まれても、「憲法上できないんです」と言わなければならない。

実態は武器を持つ軍隊でありながら、憲法の制約を理由に必要なときに役割を果たせない自衛隊の姿は、各国の軍隊には理解できません。

彼らは憲法というものは、自分たち国民の手でつくると考えています。自分たちがつくった憲法なら「できません」ではなく「やりません」になると彼らは考えます。憲法に縛られて「できません」と答える自衛隊は、理解不能です。

「なんでそんなのがここに来るんだ？」と思われ、「お前たちは腑抜けか」と蔑まれます。ＰＫＯに赴いた自衛官に実力がないわけではなく、自衛隊のほうが優れていることは多いのです。それなのに国の制約で普通の軍隊としての活動ができないのは屈辱です。

日本の国防が脅威にさらされたとき、この海外派遣と同じことにならないとは限りません。国民は自衛隊が必ず守ってくれると思っているのに「すみません、法律がないのでできないんです」と言わなければいけないとしたら、恐ろしいことです。

伊藤　憲法に対する自衛官の認識はどうでしょうか。

自衛隊にも色んな人がいるので一概には言えませんが、私の印象では大半の自衛官は戦うことを放棄した憲法第九条について、深く考えることは少ないと思います。

日々「国を守れ」と言われる仕事をしながら、なんとなく「九条は変だな」と思っているくらいでしょうか。

荒谷　大方の自衛官は、一般の国民と同じような認識だと思います。

なかには「九条は間違っているんじゃないか」と考える自衛官がごく少数いますが、彼らは自衛隊のなかでは居心地が悪い。

何しろ憲法自体に、公務員は憲法に従う義務が謳《うた》われているわけですから、自衛官が憲法を批判することはできません。

同じ自衛官だから大丈夫だと思って自分の意見を言うと、「危ない人だ」とか「あいつは右翼だ」と言われるのは、一般社会と一緒です。

＊6　イラク

平成一五（二〇〇三）〜平成二一（二〇〇九）年に行なわれた、人道復興支援活動と安全確保支援活動を目的とした自衛隊のイラク派遣。陸海空合わせて約一〇〇〇人の自衛官が参加した。陸上自衛隊はイラク南部の都市サマーワの宿営地を中心に活動した。

＊7　南スーダン

平成二四（二〇一二）〜平成二九（二〇一七）年、自衛隊は南スーダン共和国で展開された、国際連合平和維持活動（国連ＰＫＯ）に参加した。

かつて英国とエジプトに共同統治されていたスーダンは、イスラム教を信仰するアラブ系の多い北部とキリスト教や伝統宗教を信仰するアフリカ系の多い南部を分断する植民地政策下にあった。一九五六年、独立したが、南北間で分離・独立を求める内戦が勃発し、それが約半世紀にわたって続いた。とくに石油をはじめとする豊富な地下資源があり、その帰属をめぐる紛争も続いていた。二〇一一年に南スーダンが住民投票で分離独立を選択。自衛隊は南スーダン共和国の平和維持活動を主任務とし、司令部を首都ジュバに置いた。

何のために戦うのか

伊藤　いまこの瞬間にも、世界のどこかでは武器を取って戦っている人がいます。長い歴史を振り返ると、人類は戦いとともに生きてきたことを実感します。漠然とした質問で恐縮ですが、荒谷さんは何のために戦いますか。

荒谷　私は「日本人をやめろ」と言われたら戦います。日本人である自分を捨てて、米国人や中国人になってまで生きたいとは思いません。

そういえば「欧米人は日本人と価値観が違う」と思ったエピソードがあります。東日本大震災の際、私が武道を教えている欧州の門人が福島第一原子力発電所の事故を知り、「日本はもう危ない。こっちに逃げてきてください」と言ってきました。

それを聞いた私は、心配してくれるのはありがたいが、「やはり欧米人には、日本の武士道は伝わらない」と思いました。国難を前に日本人の多くが「よし、がんばらなきゃ！」と言っているときでも、危ないから仲間を捨てて自分だけでも逃げろと平気で言う感覚を彼らに感じました。

あのときは津波が襲ってきているのに、命懸けで住民を助けた消防士や市役所の職員が注目を集めました。こうしたヒーローは被災地にたくさんいたことでしょう。混乱のなかでも「自分が助かればいい」とならず、「まわりを助ける」「みんなでがんばろう」と思う日本人の感覚は素晴らしいものです。

そういう日本の伝統文化や母国を全部捨ててまで、自分の保身を図りたいとは思いません。

伊藤　その消防士や市役所の職員は、危機を目の前にして、自分の命よりも住民を救うことを好んだのでしょうね。そのときにどういう選択をするのかは、最終的にその人の好みに影響を受けるものです。

そういうことを普段まったく考えていなくとも、人は瞬間的に「自分はこうしたい」と決めるものだと思います。

危機のときに、危険を顧みず周囲を助けようとする精神は、国籍にかかわらずみんなが持っているものでしょうけど、和を大切にし、滅私を尊いと考える習慣がある日本人はとくに強い気がします。

その反面、没個性になり、異端的な〝出る杭〟を打ってしまう負の側面もあるのでしょうが……。

この日本人の精神は、私自身のなかにもあります。自衛隊に入るときに遺書を書き、遺髪を置いてきたのは、公のために命を捨てる仕事に就くことへのけじめのようなものだったのですが、なんとなく誇らしさを感じました。それは究極の滅私を選んだという自負心を持てたからだと思います。

荒谷　自衛隊の場合、空挺降下ですら遺書を書けと言う教官がいます。教官は本気じゃないかもしれませんけどね。それに対して、苦情を言う自衛官はいない。

ところがもしそれを欧米の軍隊でやったら、一発で終わりです。裁判で政府が謝罪するほどの大問題になります。個人の命を懸けて国を守ることを誓約する書面を書かせるのは、彼らの社会では人権問題になるからです。

伊藤　日本人は戦争に行くことを「死ぬこと」と捉えている節がありますが、それは世界のなかでは少数派ですよね。

戦時中の日本人は、戦争に行けば自分は十中八九死ぬと感じていました。そこにはたとえ部隊が全滅しても、最後のひとりになっても戦うという姿勢があるからだと思います。それは命を捨てても守りたい何かを見出していたからではないでしょうか。

他国の軍人は、戦争が危険なことは重々理解していても、自分が死ぬとはさほど思っていないように感じます。

通常、戦場では死傷者が二〇%になると、兵隊は前に出られなくなります。これは生き物が持つ本能からです。上官は「敵前逃亡は銃殺だ」と進軍を命ずることができますが、部隊の大半が心理的に動けなくなったなかでは難しい。

劣勢が確実となれば、大抵の軍隊では上官が撤退を命じます。彼らは日本人のように、全滅するまで戦う選択肢を想定せず、退却して次のチャンスを狙おうとします。

自分は何のために戦うのかと問われたら、勝つためではなく譲れないものがあるから戦うと答えます。

　譲れないものを守るためには勝たなくてはなりませんが、勝負に勝つことで譲れないものを失うこともあると思っています。

　私の父は一六歳だった開戦当初にラジオから流れた「戦うも亡国、戦わざるも亡国。同じ亡国ならば赤子（軍人）三〇〇万、身命を賭して天佑を待たん」という言葉で生き方と死に方を決めたと言っていました。おそらく永野修身《ながのおさみ》[*8]軍令部総長の言葉だろうと思うのですが、「日本はいま、戦っても戦わなくても滅ぶ寸前にあるが、兵隊が最後の一兵まで戦うことでチャンスを切り開く」という意味です。

　私はここに、勝てる見込みがあるから戦ったのではなく、譲れないもののために戦うという意志を感じます。この言葉で一六歳が死に方を決めるというのもよく解ります。

荒谷　最近、フランスの文化人類学者のエマニュエル・トッド[*9]が書いた『世界の多様性――家族構造と近代性』（荻野文隆訳　藤原書店刊）というおもしろい本を読みました。

彼は〈各国及び地域の政治イデオロギー、経済的動向を根底で条件づけているのは家族構造に見られる人類学的な要件である。〉としたうえで次のように論証しています。

〈子どもが結婚後も親達と共に生活を続け、拡張された家族集団の中で縦の繋がりを形成している、所謂《いわゆる》家長制縦型の家族構造を持つ日本のような国では、社会システムの主要な安定軸は歴史意識である。世代間の途切れることのない理想の継承が、祖先との協働（祭祀）や家族の協働（和）、自然調和を育む。〉と。

これは家を守るということがとても大きな意義を持ち、家は国家意識の原型で、家を拡張したのが国家であるという考え方です。

大東亜戦争では米軍による硫黄島《いおうとう》＊10攻略以降、日米の将兵死傷者比率がほぼ一対一の同数になりました。日本兵の抵抗はすさまじく、神風特攻隊の攻撃に、米艦隊の乗組員たちは皆「神風ノイローゼ」になり、七五％の米兵が精神過労のため戦闘不可能に陥りました。軍として戦闘不可能な状況です。

そのため沖縄戦以降は米国側が敗者意識を持ち、どうすれば日本との戦争を終わらせることができるのか苦悩していました。そこで、捕虜の日本兵に何のために死を賭してまで戦うのかと聞くと、答えははっきりしていて、それは郷土を守るためだ、父母や子供、兄弟、同胞を守るためだ、天皇を守るためだ、そのためであれば、日本人は命を捨てる、と圧倒的多数の捕虜が答えたそうです。

つまり日本人は、家を守るためには死をも賭して戦う民族なのです。

日本の対極にあるアングロサクソンは、親兄弟の分離を前提とする家族構造で親夫婦と子供夫婦が同居することがないので、血の繋がった家族同士が協調する文化がありません。

近代になり、個人の権利を定義して、核家族や個人主義を進化論的図式で啓蒙しましたが、この絶対個人の文化は最も原始的な家族構造と言われ、進化した家族構造でないことが証明されています。

この個人を重視する文化が自由の価値を規定し、軍事力や経済力、そして法の権力で不安定な社会の自己正当化を図り、秩序立てようとします。したがって、彼らは、経済に偏重し、文化的なものがブレーキとしか考えられないのです。

英国が先行して産業革命を起こしたのは、家族的結束がないため、人間を都市に集中させることが簡単にできたからにすぎません。

エマニュエル・トッドによれば、ロシアや中国が共産化したのは、もともと家族構成の基盤が親兄弟の夫婦がともに暮らす大家族共同体として存在していたからだということです。

また、平等主義の思想は、親の財産を兄弟間で平等に分割相続するという家族慣習が元だと指摘しています。この平等主義は、条件の平等であり結果の不平等を招くこともトッドはデータで指摘しています。さらに、日本のような権威主義で不平等な財産相続の国が、逆に平等な社会を形成していることも指摘していま す。

戦後の日本はアングロサクソンの影響で核家族化しましたが、お盆や正月になったら実家に帰り、お墓参りをしますよね。祖先との繋がりの文化はアングロサクソンの社会にはまったくない日本の文化の基盤です。

政治構造がいくら変わっても、人間の根本的な思想はすぐには変わりません。

いざというときに日本人が国や公のために死ぬことに抵抗感を持たないのは、こうした家に根差した文化基盤があるからだと思います。

伊藤　基本的に私は墓参りに行かないのですが、それには理由があります。私にとって先祖の墓参りは、私のなかに流れている血の一部を引き継いだ人のところに行くこと。自分が生きている限り、その血は身体に流れつづけているので、わざわざ墓前で「こんにちは」と言わなくてもいいだろうと感じるのです。「どんなに離れていても、自分が先祖を思う気持ちは通じる。先祖は自分を見ている」と勝手に思っています。

とはいえ、ちょっと弱ったりすると、墓参りに行きたくなることもあります。そういうときはなるべく人に見られることがない夜中に行くのですが、自衛官時代に墓地で私を見た人は皆腰を抜かしました。夜中の一一時に、白の詰襟を着た正装姿の軍人がひとり、真っ暗な墓地にいたら当然ですよね（笑）

私をよく知っているお寺の人は「相変わらず夜に来るんですね」と言いますが、私を見かけた人はいまでも「幽霊を見た」と思っているのではないでしょうか。

この「墓参りをしなくても、祈りは届いている」という感覚は、英霊の遺骨収集にも繋がります。先の戦争で日本は世界の様々な地で戦い、多くの兵士が戦死しました。戦場の混乱のなかで多くの亡骸《なきがら》はそのままとなり、家族の元に遺骨が戻ることはありませんでした。

敗戦後、様々な団体で各地の英霊の遺骨を収集する活動が始まりました。いまでも厚生労働省から「今年は○柱の遺骨が帰国しました」という報告がなされています。

先の戦争では自らの意志が曖昧なまま、徴兵で戦地に向かった兵隊がたくさんいました。英霊という言葉は志願兵と徴兵を合わせて語られますが、自ら志願した人とそうでない人の間には大きな心境の隔たりがあったことでしょう。

自衛隊では私は志願兵です。命に代えてもやりたいことがあるからこの仕事を選びました。国を守る仕事に就いていたという意味で、英霊とは繋がりを感じますが、もし自分が遺骨だったら、

「自分ごときの骨を拾うために、若くて働き盛りの人が貴重な休暇を使ってこんなところにくる必要はない」

「死ぬ前に任務を達成したかどうかは別として、俺は胸を張ってここにいる。遠く離れていても日本を想い、ずっと見守っている」

「時間とお金をかけて遥か遠くの地に遺骨収集にくるくらいなら、その分しっかり働いて税金を納めて日本を豊かにしてほしい」

と思うでしょう。


人間の話ではありませんが、ニホンミツバチにもおもしろい特徴があります。ニホンミツバチは天敵のスズメバチに巣を襲われそうになると、数百匹が突進して球状にくっつき、スズメバチが身動きできないようにしたうえで、羽の振動で熱を発し、真ん中にいるスズメバチを蒸し殺します。敵を取り囲んだニホンミツバチも死にますが、身体が大きく攻撃力の高いスズメバチに勝つにはこれしかありません。

人間社会のように教育や洗脳が通用しない昆虫の社会でも、仲間のために自ら犠牲になる本能を持つ個体がいるのは興味深いことです。

＊8　永野修身
元帥海軍大将。連合艦隊司令長官、海軍大臣、軍令部総長をすべて経験した唯一の軍人。「戦わざれば亡国、戦うもまた亡国」という言葉は、昭和一六（一九四一）年九月六日の御前会議において、永野修身軍令部総長が統帥部を代表して述べたものとされる。長引く支那大陸の戦争で疲弊した日本は、このひと月前の八月に米国から石油の輸出を全面禁止され、さらなる国家存亡の危機に直面していた。

＊9　エマニュエル・トッド
フランスの歴史学者、人類学者、人口統計学者。一九五一年生まれ。フランスの国立人口学研究所に所属していたが、二〇一七年に定年退職。一九七六年の『最後の転落』（石崎晴己ほか訳　藤原書店刊）で「一〇年から三〇年でソビエト連邦は崩壊する」と人口統計学的手法で予想したが、それが現実となり注目された。

世界各国における家族と社会の関係を研究し、家族制度が社会の価値観を生み出すと主張した。近年、人口推移という観点から国の将来を予測する発言が大きな注目を集めている。主な著書は『世界の多様性』（荻野文隆訳　藤原書店刊）『新ヨーロッパ大全①②』（石崎晴己訳　藤原書店刊）『移民の運命』（東松秀雄ほか訳　藤原書店刊）『帝国以後』（石崎晴己訳　藤原書店刊）。日本との交流は深く、『グローバリズム以後』『トランプは世界をどう変えるか？』『パンデミック以後』（以上、朝日新書）等、日本独自の書籍も多数出ている。

＊10　硫黄島

東京都小笠原村に属する、小笠原諸島最大の島。東京からは南に一二〇〇キロの位置にある。島では火山性ガスが噴出し、硫黄のにおいが立ち込めている。先の大戦末期の昭和二〇（一九四五）年二月から三月にかけて、マリアナ諸島に次ぐ日本本土空襲の拠点として硫黄島を確保したいと考えた米国と日本の間で熾烈な戦いが行われた。日本側の指揮官は戦地から家族へ愛情あふれる手紙を送り続けたことで知られる栗林忠道《くりばやしただみち》、米国側はレイモンド・スプルーアンス。島中にトンネルを巡らせ、要塞化することで待ち構えていた日本軍により、米軍は苦戦。厳しい戦況は米国民に衝撃を与えた。日本軍は守備兵力約二万名の九割が戦死。

三月二一日、大本営は玉砕を発表した。

昭和六〇（一九八五）年には、日米双方の元軍人と退役軍人による合同慰霊祭が行われた。平成二五（二〇一三）年に硫黄島を視察した安倍総理（当時）は、帰り際に滑走路に跪き手を合わせたことで知られている。滑走路の下には未だに英霊の遺骨が埋まったままだからだ。米軍が硫黄島占領後、日本兵の遺体を埋めた場所にコンクリートを流し込んで飛行場を作ったためだ。日米に多くの戦死者が出た硫黄島では、いまでも厚生労働省をはじめとした組織が戦没者遺骨収集を実施している。

硫黄島の戦いを舞台とした作品には、映画『硫黄島からの手紙』、ドラマ『ザ・パシフィック』などがある。

強さとは

伊藤　私のなかでは、強さを構成するのは「心技体」だと思っています。まず「心」は精神力。何のために戦うのかということです。「何のために」というその拘《こだわ》りが強ければ強いほど、任務の遂行度合は上がります。

特別警備隊の隊員に求めたのは、自分が受けた指示・命令に理由を求め、その理由に納得することでした。これは任務完遂を自分の命より優先するときに絶対に必要な価値観だからです。

沈黙や服従の美学、犠牲的精神には限界があります。先にも触れましたが、隊員たちには「納得できないなら初めに断れ」と言っていました。

「技」は戦うためのテクニックです。ここには格闘や武器の扱いという肉体的なものに加え、頭脳で勝負する作戦立案や組織運用も含まれます。

「体」は人間でいえば、戦う道具です。任務遂行のために、何を食べ、どういう身体をつくっておくかということです。部隊でいえば、装備や人員になるでしょう。

特別警備隊では、任務を遂行するためにはいったいどんな身体が必要なのかを考えました。特殊部隊なら筋肉をできるだけたくさんつけて、脂肪は可能な限り減らす身体づくりを想像するかもしれません。特殊部隊が出てくる映画でよく見るような、筋骨隆々としたいかにも強そうな身体です。

しかし実際に必要だったのは、最低限の筋肉と適度な脂肪でした。なぜなら、筋肉にはメリットと同時にデメリットもあるからです。

筋肉というものは、存在するだけで浮力を減少させ、関節の可動域を狭くし、酸素消費量とカロリー消費量を飛躍的に増やしてしまいます。

つまり筋肉が多ければ多いほど、水面に浮くことが困難になり、しなやかな身体操作に支障をきたし、長時間無呼吸で水中に留まることや、補給なしに作戦行動をとることが困難になります。

我々は、銃と爆薬、弾薬が入った四〇キロ近い装備を担ぎ、二〇メートルの縄梯子《なわばしご》を登ることがあります。そのため、ある程度の筋肉は必要ですが、あくまでも最低限に抑える必要がありました。

皮下脂肪は、高性能なエネルギー源、浮力体、クッション材、断熱材として効力を発揮しますが、適切な量は外気温（季節）によって大きく変化します。

極寒の冬季に任務を遂行するには、外気温に耐えられる皮下脂肪が必要ですが、夏季は少なくてもいい。

ということで、特別警備隊員に求められる身体は、筋骨隆々ではなくしなやかな体型であるという結論に至りました。

特別警備隊では、普段は技と身体の向上に努めていました。心は鍛える必要はありませんから、部隊が全滅しても任務を遂行する覚悟さえ据わっていれば、すべての時間を技と身体の向上に専念できます。

荒谷　「心技体」の三つのバランスは奥深いですよね。

スポーツのように、双方がルールに従って戦うなら、体力と技術力で勝敗が付きます。双方が同じ心理状態なら、兵力の大きさや質の高い兵器を持っているほうが強い。ところが実際の戦いは、「技」と「体」だけでは決まりません。

自爆テロをやるイスラムのテロリストがいます。女性や子供が自爆テロをすると、欧米人はビビりますよね。

これは「心」だけでやっているようなものです。強い「心」に体力と技術が備わると、大きな脅威となります。

逆に「心」がなければ自分が死ぬかもしれない戦いはできません。例えば、技術と身体が優れているプロの格闘家みたいな連中は、ビジネスとして見せる戦い（試合）は強いですが、殺し合いになったら多分ダメです。

試合のルールに守られない状況では、強さは変わってくるのです。実際にあんなに強かった力道山[*11]も、ヤクザに殺されました。

軍人の世界は、だいたい世界中どこでも同じような教育をしていますから、技術や体力で決定的な差があることはまずないと思います。

あとは合理的に戦うか、合理性は抜きにして信念で戦うかという気持ちの問題になってくる。

大東亜戦争の日本人は、西洋的な合理性を持たない戦い方をしたので、敵にとってかなり恐ろしかったと思います。西洋の合理性から言ったら、日本がやったことは無茶苦茶です。

神風特攻隊、日露戦争の二百三高地[*12]。山のような屍《しかばね》を築いてでもまだ突撃して来る日本人は、恐怖だったと思います。

日露戦争の戦場を観察したイギリスの従軍記者マッカラーは手記に次のように

記しています。

〈何たる超人間的の猛勇だろう！　何たる超自然的の不撓不屈だろう！　日本人ぐらい恐ろしいものはおそらくこの世に又とあるまい。この剽悍無比《ひょうかんむひ》（他に比べるものがないほど、極めて素早いうえに荒々しく強い）なる人種に対して、我々英国人も、フランス人も、ロシア人も、人間たる者からはなんら為すべき策もないのではなかろうか。彼らの「死」と言う苦痛に対する観念は、我等が夕立にあって困るくらいにも思ってもいないのではなかろうか。〉

戦場の勝敗というのは、最終的には人間の「心」の問題と言えます。

貴族が利益獲得のために主催した戦争や、教会の宗教戦争のように奴隷を使ってする戦争においては、どちらかが全滅するまで戦いが続くことはありますが、戦いを始める段階で、国民が全滅するまで戦う覚悟を示したのは日本人ぐらいでしょう。

戦いを止めれば負け、止めなければ負けません。戦いを続けるか止めるかは、気持ちによります。どこで「参りました」と言うか、あるいは最後まで「参りました」と言わないのか。

敵にとって最後まで「参った」と言わない日本は、恐怖であると同時に得体が知れない強さを持つ存在だったと思います。


伊藤　不謹慎なのであまり口にしないようにしていますが、特攻隊の映像を観るたびに米軍に心から同情します。

米兵は日本軍の飛行機が上空を飛んでいても、まさか死を覚悟して自分が乗っている船をめがけて突っ込んでくるとは思わなかったはずです。

大きな爆弾を抱えた飛行機が、自分の船めがけて突進してくるのは、想像を遥かに超える恐怖だったでしょう。

戦中の特攻は主に空からでしたが、軍部は水中特攻として人間魚雷「回天」[*13]や人間機雷「伏龍《ふくりゅう》」[*14]も準備していました。空からの特攻では、敵艦に衝突して艦上で爆発した場合、ほとんどのエネルギーは上空に逃げます。ところが水中で爆発すると、エネルギーは水中に広がります。その威力はすさまじく、空母ですら一発で沈めることができるほどで、もし船の下でドンとやられたら船は撃沈します。

荒谷さんがおっしゃるように、当時の西欧列強の正規軍同士の戦いには、敵と刺し違えてもやり遂げる発想は稀だったと思います。長い戦争の歴史を歩んできた欧州の国々には、どれくらいの犠牲者が出たら、自ら撤退するという暗黙の了解が生まれていました。

ところが日本は違いました。これくらい犠牲が出たら引くだろうと思っても引かない。

どこまで犠牲を払うつもりなのか見えず、全滅するまで戦いを止めない日本は、彼らの常識の外にある恐ろしい敵だったと思います。

荒谷　戦いにおいて、心が勝敗を左右する場面は多いですが、心の強さが技術と身体のレベルにマッチしていないこともあります。

体力や技術があって、見た目も強そうなプロレスラーでも、じつは気持ちが弱いことがあるのです。

戦いを仕事にしている軍人や戦闘者は、「こいつはすぐ心が折れるタイプ」「弱くてもなかなか諦めないタイプ」というように、相手の気持ちの強さがだいたいわかりますが、普通の人には見た目が強ければ気持ちも強そうに見えるでしょうね。

特殊作戦群の隊員は、皆気持ちが強かったと思います。

彼らは自分が組織に合わない居心地の悪さや同調圧力によるストレスを楽しみ、それを自分たちのエネルギーにしていました。

自衛隊のなかで自分が異質で異端であることを認識しながら、正しいと思うことを追求する。そこには自分は日本にとって意味がある、機会がきたら必ず役に立つんだという確信があった。

組織に認めてもらわなくても、俺にしかできないことがここにあると思っているから、心が強いのです。

伊藤　特別警備隊も似たような感じです。

自衛隊にそぐわないやつらが集まっていましたから、まわりには命令に従わない、我儘《わがまま》な集団に見えたと思います。

しかしそこには「私《ワタクシ》」より「公《オオヤケ》」を大事にする、確固たる姿勢がありました。

俗っぽい話ですが、特別警備隊にいるような人間には、育っていく過程において、任侠《にんきょう》の世界から結構なスカウトを受けていた者が多い。

しかし、その誘いを断って自衛隊にきた理由のひとつには、「公」の規模があったと思うのです。任侠の世界にも自分が所属する組織のため、仲間や先輩といった「公」のために「私」を犠牲にすることがあると思いますが、そこには国家の匂いがしない。

「より大きな存在のために、自分の命を懸ける」と考えると、「国のため」に行きつきます。そこは大きかったんだと思います。

荒谷　どんな組織でも組織の一員である限り、組織に尽くすことを求められます。公務員は自分が所属している組織を「公な存在」ととらえていますが、「役所の組織のために」が本当に「日本のために」と直結するのかというと疑問です。

その違いに敏感だったのが、特殊作戦群の隊員たちでした。

彼らは「自衛隊のために」ではなく「日本のために」命を懸けるという意識を持っていました。

＊11　力道山

昭和に活躍したプロレスラー（大正一三〔一九二四〕～昭和三八〔一九六三年〕）。昭和二五（一九五〇）年に力士を引退し、プロレスに転身。トレードマークの黒タイツと、必殺技の空手チョップで知られる。昭和三八年、赤坂のナイトクラブで暴力団員と喧嘩になり、腹部を刺され死亡。力道山亡きあと、昭和のプロレス界を牽引したジャイアント馬場、アントニオ猪木は弟子にあたる。

＊12　日露戦争の二百三高地

中国北東部、遼東半島《りょうとうはんとう》南端に位置する旅順《りょじゅん》にある丘陵。明治三七（一九〇四）～明治三八（一九〇五）年に日本とロシア帝国の間に起こった日露戦争において、旅順攻囲作戦の舞台となった。

旅順はロシア帝国艦隊の根拠地であり、港湾を囲む山々に強固な要塞が構築されており、当時は難攻不落とされていた。この要塞への第一回総攻撃で空前の死傷者を出し、第二回総攻撃でも散々な結果に終わった乃木希典《のぎまれすけ》率いる第三軍が、これを最後と第三回総攻撃に踏み切った。第三軍が三度《みたび》失敗すれば、それまで日本軍に有利に進んでいた全体の戦局が一変しかねない。乃木とその幕僚も、ここが天王山だと十分に理解していた。一方、ロシア側も日本の総攻撃を見越して要塞の補強工事に努めており、万全の迎撃態勢をとっていた。要塞周辺は、みるみる日本兵の死体で埋まっていった。最後の総攻撃も失敗に終わるかとみられた翌日、乃木は主要攻撃目標を、旅順港を見下ろす二百三高地に切り替えた。

じつは旅順攻囲作戦発案当時、二百三高地は戦略的要衝とは見られず、陸軍中央が用意した地図に陣地すら書かれていなかった。それに対し海軍ではここを攻略拠点として注目、二百三高地の頂上に観測所を設置し、山越えでロシア艦隊を砲撃することを狙っていた。

二百三高地の争奪戦は、熾烈《しれつ》を極めた。第三軍の砲兵部隊は猛砲撃を行い、翌日に第一師団が山頂に達したものの、ロシア軍増援部隊の逆襲を受けて壊滅。以後、両軍は死傷も構わず次々と兵力を注ぎ込み、砲弾を撃ち込んだ。八日後、二百三高地はついに落ちたが、乃木の心は晴れなかった。この戦闘で一万六九三八人もの死傷者を出したからだ。そのなかには乃木の次男、保典《やすすけ》も含まれていた。

＊13　人間魚雷「回天」

先の大戦で大日本帝国海軍が開発した人間魚雷。全長一五メートルほどの魚雷のなかに乗員一名が乗り込み、水中を進み敵艦に体当たりして爆破する。一四八基が出撃し、一一六人が戦死した。山口県周南市《しゅうなんし》の大津島《おおづしま》で訓練が行われた。

現在でも同島には訓練施設の一部が遺っており、併設されている回天記念館は旧回天搭乗訓練員の宿舎跡に立ち、搭乗員の遺書、軍服、写真など約一〇〇〇点を展示している。

＊14　**人間機雷「伏龍」**

先の大戦で大日本帝国海軍が開発した人間機雷。潜水具を着た兵士が海底に潜み、敵の舟艇に棒の付いた機雷を接触させ爆破する。水中の爆発で、隊員は確実に死亡する。昭和二〇（一九四五）年から訓練が始まったこともあり、実戦には投入されなかった。

ちなみに、『落日燃ゆ』や『官僚たちの夏』『そうか、もう君はいないのか』などの作品で知られている小説家の城山三郎（昭和二〔一九二七〕～平成一九〔二〇〇七〕年）は、自ら志願して入隊した海軍で、水中特攻部隊「伏龍」に配属されている。

非常時に弱い日本

です。

伊藤　日本人の特性を考えるときに思い浮かぶのは、集団に対する意識の持ち方

日本人の集団への帰属意識の高さは、様々な側面を持ちます。自己主張が苦手で同調圧力に弱いというのは、和を尊び、それを乱してはいけないと思うからではないでしょうか。〝出る杭〟を打ってしまうことで、大多数と異なる個性や秀でた能力を持つ人物を潰してしまいますが、危機のときにはあっという間に国がまとまります。

「日本人は非常時に弱い」とよく言われますが、それは非常時にモノを言う人がいないからだと思います。日本人は集団としてはまとまっているわけですから、リーダーが方向を示すことができれば突き進むことができます。

しかしリーダーが不在だったり役割をしっかり果たせなかったりすると、現場はどうしていいのかわからなくなる。

これが個人の主張が強い、日本人とは真逆のタイプが多い国なら、非常時にまとまるかというとそうでもない。みんなが自分勝手に意見を主張して、なかなかまとまらないこともあると思います。

荒谷　日本人が非常時に弱いというのは、おもに政府の話でしょうね。

東日本大震災のような大規模災害で、国民がどうふるまうかを見れば一目瞭然です。あのとき、被災地の人々が支援物資を奪い合うことなく、きちんと列をつくって公平に受け取る姿は世界を驚かせました。これは日本人の根底に、共同体を構成する仲間として他人《ひと》を気遣い、自分よりも相手を優先する文化が浸透しているからだと思います。

個人主義の国では、各自が自分勝手なことをやりだし、法の強制力が効かないとわかるやいなや強盗や人殺しが多発し、無法化した社会はまとまらずにパニックになります。

たしかにいまの日本の政府や行政は、非常時に弱い。それは非常時でも平時と同じルールに従ってやろうと思うから弱いのです。

危機の際に目の前で起きていることを見つめて、どうしたら一番良いかを考えて行動できれば、非常時にも強いはずです。

ところが現代的な日本人は、習った通りに考え、役所は決まった通りにやろうとする。それは非常時にはまったく役に立ちません。

伊藤　非常時に問われるのは、平時に通用した〝根拠〟がなくなったときにどうするのかだと思います。

平時は社会の隅々まで秩序が維持され、この先起こることはある程度想定できます。法律や罰則は、この平時を前提としています。

しかし非常時は違う。当たり前だった秩序やインフラが破壊され、刻一刻と状況が変化するなかで、誰しも物事を判断する基準がなくなった状態です。

非常時には、日本人は公務員を頼りにします。

東日本大震災のときも、被災地の人々は、まず役場の人を頼りました。こういうときに求められるのは、平時のルールに依存した「私にはそれを決める権限はありません」という言葉ではなく、その場で最善の策は何かを考え、実行する姿勢です。

防災訓練の主眼は、その意識の切り替えをできるようにすることであるべきです。それは「この行為はあとから罰せられるかもしれませんが、あの人たちを助けるために○○をしましょう」と言える公務員を増やすことになるはずです。

荒谷　ある人にはとんでもない非常時でも、別な人には平時ということもありますね。

東日本大震災は、未曾有の大津波に襲われたと言われています。ところが私がいま住んでいる三重県熊野市がある紀伊半島の南端に代々暮らす人たちは、長い歴史のなかで巨大な津波とともに生きてきました。

このあたりは定期的に大きな津波がやって来て、そのたびに家はすべて流されます。ここで生きてきた人たちにとって、津波は未曾有でもなんでもない。だいたい一〇〇年に一回は引っ越しだと覚悟しているので、「もうそろそろかな」と準備しているのです。

非常時にどうしたらいいかわからなくなってしまうのは、過去の日本人の歴史や経験値を全部忘失し、いまの仕組みしか頭にないからではと思います。

「いま」しか理解していなければ、一〇〇年以上の周期で起きるできごとは、全部未曾有の事態になってしまう。口をあんぐり開けた思考停止です。

根拠やマニュアルがないと動けないようなトレーニングをしていると、そうなりがちです。ないものはないのです。ありとあらゆることまで、すべてを想定するのは不可能です。

逆に言えば、普段根拠やマニュアルに拘っていない人は、非常時にはタフだと思います。自由な発想ができますからね。

伊藤　非常時に必要となる自由な発想は、常識の対極にあります。平時は常識に従い行動するべきですが、非常時は常識に縛られていてはいけません。

非常時にまずしなければならないのは、常識を捨てることです。

しかし口で言うのは簡単ですが、実際はなかなかできません。

例えば「ここから新宿駅まで移動しなければならない」としたら、その方法は車、タクシー、電車、地下鉄、自転車、徒歩などが浮かぶでしょう。ところが走っている車を停めて、運転している人を強制的に降ろし、その車で行くことはなかなか思いつかないですよね。

それは常識が邪魔をしているわけです。平時には許されないことでも、非常時で多くの人命がかかっているとしたら、しなければならないことかもしれません。非常時の意識の切り替えは、平時に徹底的に常識を捨てる訓練をしておかないとできません。生まれてからずっと叩き込まれてきた常識は強固で、非常時に瞬時に捨てて自由な発想に切り替えるなんてことは、不可能だからです。

荒谷さんや私のように、もともと常識から外れた人間でも、難しいくらいですからね（笑）

荒谷　戦後日本の教育をしっかり受けた人は、どうしても常識に縛られます。しかし日本人のなかには、学校で真面目に勉強しないような人が一定数います。そういう人たちは、平素は組織に馴染めず、動きづらいことが多い。

しかし非常時は、根拠やマニュアルがないと動けない人は何もできませんから、型にはまらない人たちがリーダーシップを取れれば、うまくいくかもしれません。

伊藤　非常時には、私のような〝インチキおやじ〟が役に立つということですね。

荒谷　それ、特別警備隊の部下が伊藤さんを呼ぶときのあだ名ですよね（笑）

インチキというと悪く聞こえますが、要はルールが決められている世界でルールにないことをやろうとしたときに、そう呼ばれるんだと思います。それは既存のルールではないことも考えているということです。

しかし伊藤さんのように、それを日常的に口に出して行動していると、インチキおやじと呼ばれてしまう（笑）

伊藤　フォローしていただき、ありがとうございます。

インチキも、ズルをも手段として積極的に使っていくのは、成し遂げたいモノに対する情熱の強さの表れだと言っておきましょう。かっこよく言えば、固定観念がないということです。

荒谷　私が尊敬する楠木正成《くすのきまさしげ》の旗印には、「非理法権天《ひりほうけんてん》」と書いてあります。これは現代語でいうと、「非は理に勝たず、理は法に勝たず、法は権に勝たず、権は天に勝たぬ」ということです。

　どういうことかといえば、非道なことをやったら、理が通るほうが勝つ。ところがいくら理が通っていても、法には勝てない。法があっても、権力を握るやつのほうが強い。しかしいくら権力を持っていても、天には勝てないという意味です。

　現代社会では、立憲主義だとか法治主義だとか言って、法がもっとも上位の力を持つとされています。しかし実際には、マネーの権力を持っている人たちが、ルールメーカーとして自分の都合のいいように法を作り上げているわけです。ところがこういう人間は、いつか必ずしくじります。そこには何か大きい力が働いているように思います。

　伊藤さんのいうインチキおやじというのは、ルールはすべて無視して自分本位にやるということではありません。目の前にあるルールや権力は無視しても、もっと大局にある何かを価値あるモノだと捉え、そこに従おうとしている……そう思うのです。

国を守るということ

伊藤　評論家のなかには「日本は情報（インテリジェンス[*15]）が弱い。だからダメなんだ」と言う人がいます。

たしかにＣＩＡやＭＩ６に代表されるように、大国と呼ばれる国々は情報を専門的に収集～分析する専門機関を持ち、国家の意思決定に活用しています。

戦中の日本にもかつては諜報活動（秘密戦[*16]）を担う軍人を養成する、陸軍中野学校[*17]と呼ばれた専門機関がありました。

現代の日本にも同様の機関を創ってはどうかという声がありますが、私は日本の情報は昔から弱く、これからも弱くていいと思っています。

なぜなら情報はたしかに大事ですが、ある一線を越すと〝はしたない〟世界になるからです。

インテリジェンスは友だちの奥さんの下着の色ですら、しっかりと把握するような世界です。

同盟を結んだ国同士で親しい挨拶を交わしながら、裏では部下に命じて相手国の友人の奥さんの下着を覗いています。

「今日は緑か。随分変わった色だな」と言いながら、平気な顔をして情報を集めるような行為に、何の恥じらいも罪悪感もないやつらが勝ちます。

情報の重要性は、特殊部隊でも日々感じていました。しかしインテリジェンスのどろどろした部分を知れば知るほど、そこまでして勝ちたいかという気持ちが湧いてきます。

決して勝つことを軽視するわけではないのですが、そんなことをするくらいなら「いいよ、全滅で」と言いたくなる。

勿論勝つために情報が必要なのはわかりますし、勝つことに対しては全力を投じますが、勝つためなら何でもやるのかと問われたら、どうしても抵抗を感じます。

「そんなことをしてまで勝ちたくない、生きたくない」という感覚を持つ日本人は、私だけではないのではないでしょうか。

荒谷　伊藤さんが触れた「勝利」というテーマで世界を眺めると、永遠に勝ちつづける国はないことがわかります。

その一方で戦争に負けて滅んでも、あるときまた復活する国もあります。

国が継続していくなかで、欠かせないのが〝物語〟です。どの国にも勝った歴史と負けた歴史があり、それを残った者たちに語り継いでいます。

あの米国でさえ、テキサス独立戦争[18]でメキシコ軍と戦って全滅したアラモの砦《とりで》[19]の逸話を、英雄譚《えいゆうたん》[20]にして映画にしているくらいです。

民族がどう生きて、どう戦い、どう死んでいったのか。それを色鮮やかに伝える物語で、国民は鼓舞されます。

入植者との戦いで部族が壊滅したネイティヴアメリカン[21]でも、生き残った子孫に伝える物語がある限り、部族がまた復活する目がある。

国が滅ぶのは、地図から消えたときではなく、語り継ぐ物語を失ったときと言うことができます。

そう考えると長い時間軸で見た場合、ひとつの戦いで勝った負けたということは、それほど重要ではないのかもしれません。

　ビジネスの世界でも、とても調子が良かった会社が一発で倒産することもありますよね。日本には、世界一古い「金剛組[*22]」という会社があります。創業したのは飛鳥時代の五七八年。聖徳太子が招聘《しょうへい》した宮大工が始めた会社です。

　金剛組は一四〇〇年以上続く歴史のなかで何回も倒産していますが、そのたびに「金剛組をなくしてはいけない」という周囲の声に支えられ、復活してきました。もし金剛組という会社が周囲に憎まれるいやらしい商売をしていたら、とっくに潰れていたでしょう。

　長きに亘《わた》って世のため、人のためになるような仕事をしてきて、「金剛組さんにお世話になった」と言う人がたくさんいるからこそ、「ああいう会社を潰しちゃいかん」となる。

　金剛組がいま残っているのは、これまで会社がどうやって戦ってきたかを示しています。

　単発の勝ちに拘り、すべてを懸けていっとき勝てたとしても、理念をおろそかにした勝利なら企業は大事なモノを失うこともあるでしょう。

伊藤　これは荒谷さんのおっしゃる「かっこよく生きたい、かっこよく死にたい」に通じる話だと思いました。

荒谷　どんな手を使ったとしても、勝てばいいんだと思う人はたくさんいるでしょうね。そう考える国家もあると思います。

でも私は勝てばいいとは思いませんし、みっともない戦い方はしたくない。プロレスで悪役が武器を隠し持ち、レフリーに見えないようにして、相手をボコボコにして勝つことがあるじゃないですか。自分はああはなりたくない。

伊藤　そういえば海外の友だちと話していたとき、「ハシタナイ」という日本の言葉を説明することができませんでした。

辞書を引けばシンプルに「恥」と書いてありますが、私が伝えたかったのはもっと深い意味です。

日本人が「ハシタナイ」と言うとき、そこには「恥ずかしい」だけではなく「そこまでやるのか」という驚きや軽蔑も含まれていますよね。

さらに「そこまで」には、日本人に共通した文化から生まれた「これ以上はやらない」「それ以上は好まない」という共通認識もあると思います。

この微妙なニュアンスは、彼らになかなか伝わりませんでした。

私も戦うのなら、はしたない真似はしたくない。そんなことをするくらいなら、死を選びたくなります。

荒谷　ルース・ベネディクト[*23]という米国の女性文化人類学者が書いた『菊と刀』という本がありますが、そこで「恥」について記されています。それを読むと、米国人が我々日本人の「恥の文化」を理解するのは、かなり難しいようにみえました。

彼女は「日本人の恥は、自分の個人的利益を守るために存在する」と書いているのですが、ひと昔前までは「命を惜しむな名をこそ惜しめ」と、我々は言ってました。「名」とは「家」のことです。「家」とは自分の帰属する集団、先祖から累々《るいるい》と引き継いできた歴史的集団のことです。つまり、自己の保身のために祖先がつくってくれた家と国家の名に恥を塗るようなことを絶対にしない、という強い心を「恥の文化」というのです。

「家」にまったく価値観を持てないアングロサクソンと、「家」に個人以上の価値観を持つ日本人とでは永遠に価値観を共有できない民族なんだなと感じました。

でも世界には、日本人の感覚がよくわかる民族もいっぱいいます。東南アジアの人々やロシアやアラブの人々も、日本人の価値観に共感してくれる人が多い。「寅さん」[*24]や「座頭市」[*25]も大好きですしね。


世界には様々な民族がいますが、それぞれが歴史のなかで根付いた固有の価値観を持っています。

日本人が外国人と付き合うときに必要なのが、日本というホームベースです。それは日本人が何を大切にして歴史を紡いできたのかを示す心の拠りどころであり、プライドと言ってもいいでしょう。

自分は日本人だという確固たる立ち位置を持っているからこそ、他国の人たちと対等に付き合うことができます。

観光旅行で外国に行き、「綺麗な国ですね。いい人たちですね」と言っている分には問題ないのですが、そこでずっと暮らしていると「日本人とは違うんだな」と実感することが増えます。少なくとも私はそうでした。

勿論外国の価値観に順応し、ストレスなく暮らせるという人もたくさんいるでしょう。そういう人たちを否定する気持ちはまったくありません。

しかし私は、日本の生活様式や慣習のなかで生きていきたい。

長い間外国で暮らし、久々に帰国する際、飛行機から瑞々しい田んぼが広がる様が見えた瞬間、ホッとします。空から見ただけで「ああ、日本だ。帰って来たんだ」という安堵を覚えるのは、自分の記憶に日本の原風景が深く刻み込まれているからでしょうね。

＊15　情報（インテリジェンス）
意思決定を行うために情報（インフォメーション）を分析して得た知見、情報分析を行う機構を指す。意思決定には、インフォメーションを精査したインテリ

ジェンスが必要となる。

＊16　**秘密戦**

先の大戦において、帝国陸海軍が行った諜報や謀略を指す。おもに満洲国をはじめとした外地において、現地住民の民意工作を目的として実施された。秘密戦の技術は爆薬、毒薬、盗聴、盗撮、暗号、破壊、手紙の開封など多岐に渡る。

＊17　**陸軍中野学校**

諜報や謀略などの秘密戦を教育、訓練するために、帝国陸軍に創設された機関。現在の東京都中野駅の北側にあった。別名東部第三三部隊。静岡県浜松市には、陸軍中野学校二俣《ふたまた》分校も存在した。全国から精鋭が集められたこの学校では、秘密戦の妨げになる軍人らしさを消し去り、民間人に見える立ち居振る舞いが求められた。敗戦後、二九年間に亘ってフィリピンのルバング島の密林で情報収集や諜報活動を続けていた小野田寛郎《おのだひろお》少尉も卒業生のひとり。

＊18　**テキサス独立戦争**

一八三五～一八三六年、メキシコの一部（テハス）がメキシコ合衆国から分離独立を目指した戦争。分離独立派が勝利し、テキサス共和国として独立した。

＊19　アラモの砦
テキサス独立戦争の激戦地。アラモは現在のテキサス州サンアントニオにある。分離独立派のアラモの守備隊は、圧倒的な兵力を持つメキシコ軍に立ち向かい全滅した。

＊20　英雄譚
英雄を主人公とし、その活躍を讃える話。

＊21　ネイティヴアメリカン
アメリカ大陸の先住民族の総称。

＊22　金剛組
大阪に本社を置く、飛鳥時代から続く世界最古の企業。社寺建築の設計・施工・文化財建造物の復元、修理などを担っている。

＊23　ルース・ベネディクト

米国の文化人類学者。一八八七年生まれ。コロンビア大学在籍時、第二次世界大戦に参入するに当たって、米軍の戦争情報局に召集され、対日戦争や占領政策に関する意思決定を担当する日本班チーフとなる。このときにまとめられた報告書「Japanese Behavior Patterns」を基に『菊と刀』が執筆された。同書内の〈日本は恥の文化である。〉という言葉はとくに有名。しかし、彼女は日本学を学ぶ学生に『菊と刀』は読まないようにと教えていた。

＊24「寅さん」

映画シリーズ『男はつらいよ』の主人公。往来で物を売るテキ屋稼業の「フーテンの寅」こと車寅次郎の愛称。初公開は昭和四四（一九六九）年。主人公を演じたのは渥美清。もともとはテレビドラマだったが、最終話で寅次郎が奄美大島でハブに咬まれて死ぬという結末に視聴者から抗議が殺到したため、映画化に繋がった。二〇二二年にフランスの日本文化会館で、『男はつらいよ』全五〇作が上映され、話題を集めた。

＊25「座頭市」

盲目の按摩《あんま》（座頭の市）が全国を旅しながら、仕込み杖を駆使する居合術で悪人を倒す作品。主人公を演じたのは勝新太郎。社会の底辺で蔑まれながらも、常人を凌駕する能力で正義を貫くダークヒーローを見事に演じた。昭和三七（一九六二）年に初公開された劇場版は全二六作だが、テレビドラマでも人気を博した。『座頭市血煙り街道』は、失明したベトナム帰還兵が剣を振るう『ブラインド・フューリー』として、一九九〇年にハリウッドでリメイクされた。

私が守りたいもの

伊藤　じつは、私は自衛隊に入隊するにあたって、「これを守りたい」という明確なものがなかったのです。

勿論「日本を守る」意志は持っていましたが、守りたい日本とは何かと聞かれたら、はっきりと答えられなかった。

そこがはっきりしないから、自衛隊の金科玉条である「国民の生命、財産を守る」という言葉に違和感を持ち、それより大事な「何か」があるはずだと思いなから自衛官時代を過ごしました。

ところが自衛隊を辞めてミンダナオ島に行き、日本という国を外から見て、初めて自分は「日本の掟《おきて》」を守りたかったんだとわかりました。

日本人が心地よく思い、大事にしているもの。それを何というかと考えたとき、自分にとって「掟」という言葉が最もしっくりきたのです。

それは長い歴史のなかで受け継いできた、森羅万象のすべてのものとの共存を目指し、自然の摂理を重んじようとする日本の在り方を表しています。

日本人に囲まれて過ごしていると実感しづらいですが、日本人の自分は何を良しとし、何を許さないのか。それは危機の際だけでなく、何気ない普段の言動のなかにも、にじみ出てくるものだと思います。

荒谷　「日本を守る」という言葉には、領土を守る、主権を守る、国民を守るなど、色々な意味がありますが、私が最も守りたいと思っているのは、日本の文化や伝統です。

領土とか主権という考え方は、英国人が人の国を奪い取るために考えた概念だと言われますが、本来、その国らしさはそこで暮らす国民が長い時間をかけて継承してきた文化や伝統にあります。物理的な領土、概念的な主権を超えて、日本人も外国人も「ああ、それは日本らしいですね」という価値がいまでもあちこちに存在しています。

先ほど触れた水田の風景は、まさに日本らしいもののひとつでしょう。

伊藤　私が守りたいものを考えるとき、思い浮かぶのが天皇陛下です。

東日本大震災のとき、陛下（今上上皇陛下）のビデオレターを拝見し、衝撃を受けました。陛下はゆっくりとしたやさしい口調で、

「被災者のこれからの苦難の日々を、私たち皆が、様々な形で少しでも多く分かち合っていくことが大切であろうと思います」

とおっしゃった。

さらっと聞いた人が多かったと思いますが、私は失礼ながら「結構、厳しいことを要求されるな」と思いました。

被災地から遠く離れた沖縄の人にとっては、東日本大震災は自分たちに直接関

係がないできごとです。しかし陛下のお言葉は被災者の苦しみを、北海道から沖縄まで、貧乏人も金持ちも関係なく、すべての国民で分け合うということです。被災者よりもさらに悲惨な生活をしている人であっても、日本国民である以上、全員で苦しみを背負おうという強いメッセージだと受け取りました。

これこそこの国のど真ん中にある、譲れない文化だと思います。日本に存在する良いものも悪いものも、すべて国民で分かち合う。そこには欧米のような弱肉強食ではない、命ある者すべての共存を目指す日本の姿が貫かれていると思います。

荒谷　以前欧米人と話をしていて気付いたのは、彼らは最終的に個人が大事で、国はどうでもいいと思っていることでした。

近代になって、国民国家*[26]（ネーション・ステイト）といわれる契約社会を組織したのは、自分にとってメリットが多いからです。

個人の資産や個人の安全を確保するために、国民国家という国家機能が必要だった。彼らにとって国とは、個人の利益を追求するためにあるという考え方です。

国と国民が単なる利害で繋がっているのであれば、国家への帰属意識は希薄になります。

そこでは国家に期待しない国民、国家を利用するだけの国民、もっと金が貯まる国に移住しようとする国民が生まれます。

彼らはプロスポーツの選手のように「より良い条件」を求めて渡り歩く。そこにはチーム、ここで言えば国に対する愛着はあまりありません。

伊藤　それは日本とは大きく異なる感覚ですね。

過去、国益[*27]を求めて国同士がぶつかった戦争が数多くありましたが、私は国益という言葉を耳にするたび、どうしてもひっかかる。

国際社会は各国の思惑がぶつかりあう過酷な場所であり、そこでは国益の追求は当然のこととされています。

しかし自分の国さえ豊かになればいいのか、国境の内側にいる人間だけを大切にすることは、本当に正しいのかという疑問が湧きます。

それに対する明確な答えはないのですが、すべてのものとの共存を目指す日本の価値観は、世の中から戦いをなくすヒントになるのではと感じることがあります。

荒谷　文化や伝統の一番大切な部分は感覚的なもので、言葉で表現するのが難しい側面を持っています。

文化や伝統、伊藤さんがいう掟や習わしというのは、論理的でも合理的でも、効率的でもない。

それでも長きに亘って受け継がれているのは、その国でそれを必要とする理由があったからです。

ところが感覚より言葉を重視し、論理的・合理的であることが正解という現代の教育を受けた人たちには、言語化されていない価値は理解しにくい。

私は、現在の社会は、自分で幸福を手に入れることを生きる目標としているように思います。そしてその幸福とは、いい成績をとって、いい学校に行って、いい会社に入って、いい暮らしをするという誰かによって決められたもので、つまるところマネーを稼ぐことが幸福になってしまっています。そしてそのためには、人を蹴落としてでも自分の欲求を実現する「自己実現を幸福と規定する社会」が当たり前になってしまいました。

これは、自己実現できた――欲しいものを手に入れた――人だけが幸せになる社会であって、そうでない人は幸せにはなれない社会です。

しかも、社会のルールが自由競争ですから、ひとりの幸福が多数の不幸を生むことになります。貧富の格差が拡大し、生まれながらにして不幸な将来しか予想できない人々は、永久に幸せになれません。

さらに、お金をたらふく手に入れ自己実現する人たちは、いくらお金があっても、もっと欲しくなる性《さが》ですから、幸せは短絡的で持続性はありません。

つまり、いまの社会システムは「全員を不幸にする社会」と言えるのではないでしょうか。

これに対して、日本人が理想としてきた社会は、幸福を感じる社会です。それは、「社会貢献を幸福と感じる社会」づくりから始まります。

人のために働くことに喜びと楽しみを覚え、家族や共同体で仕事をする協働そのものが社会貢献になる社会です。

商売をするにしても、売り手良し、買い手良し、世間良しの「三方良し」の考えです。

「世のため人のため」になるという志を立てたときから、そこに向かう自己、それを行う自己、それを達成する自己のすべてに幸福を感じる生き方です。

他方、社会貢献に結び付かず、他者を害するような自己実現とか自己承認要求や行為は罪悪と感じます。

そういう社会を形成できれば、おそらく「全員が幸せになる社会」になるでしょう。

神武建国の理想「八紘《あめのした》を掩《おお》いて宇《いえ》と為《せ》むこと亦《また》よからずや」という言葉、すなわち「八紘《はっこう》為《い》宇《う》(八紘一宇《はっこういちう》)」には、「平和な社会とは、個人主義者の契約社会でもなければ、マネーを稼いだパワーエリートによる統制管理社会でもない。真に平和な社会は、人々の家族的団結によらねばできない」との日本民族の信念が込められていると思います。

伊藤　自衛隊にいたときは、国家理念*[28]をしっかりと定めてほしい、自分はそのために戦いたいと思っていました。

しかし荒谷さんがおっしゃるように、日本の国柄（＝國體*[29]）は言葉で表現し尽くせないものかもしれません。私が掟と言ったのも、同じものかもしれないと思います。

気が遠くなるほど長い歴史のなかで、日本列島に暮らした日本人が成功と失敗を重ねて残してきたものを、現代に生きる私たちが完全に言語化できると思うこと自体がおこがましいんでしょうね。

日本のこれからについて、荒谷さんはどう考えていらっしゃいますか。

私は「日本の掟」が続いていってほしいと考えています。この掟は、神道*[30]に近いのではと感じるようになりました。

日本人のひとりとして、その掟を守る役割を果たしたいですね。そうはいっても夏になれば蚊取り線香を焚《た》いたりしてますけどね……。それを目指す姿勢を大事にしたいです。

荒谷　私はできれば自分が生まれた日本は、かっこいい国であってほしいと思っています。

世界史上、最も長く続いている日本は、決して悪い国ではないはずです。長い歴史のなかで國體を変えていないのは、そこに暮らす人々にとって幸福を感じる国の基礎があったからです。これからもこのまま良い国でいってもらいたいと願っています。

自分の生きている間に良い国を悪い国にしてしまったら申し訳ないので、良い国のまま次の世代に送りたい。そしてできればさらに良い国にして受け渡したい。良い国の指標は経済成長ではなく、人間一人ひとりの生き方です。そしてその集合体が国としての生き方になると思います。

先述しましたが、私が設立した「熊野飛鳥むすびの里」が目指しているのは、日本文化の礎《いしずえ》である稲作を中心に自給自足しながら、互いが助け合い共存する共同体です。

私たちの先祖が自然と共存しながら営んできた生活を、現代に生きる私たちも同じように紡ぎ、後世に残す場です。

私は熊野で暮らす自分を「百姓侍」と呼んでいます。

百姓をやってわかったのは、自分だけでは何もできないということでした。

自分が食べる農作物を、自分の力で作り出すことは本当に大変です。作物は手をかけないと育ちませんし、雨風など自然の変化でえらい目に遭います。

「農」を通して仲間同士が助け合うことで、初めて集団は生きていけることを実感しまし

むすびの里の田んぼで田植え中の荒谷

た。こうした環境に身を置くことで、自然に対する畏怖の念や先祖に対する感謝が自然と生まれてきます。

戦後の教育によって、日本人でありながら日本を知らずにきてしまった人がたくさんいます。むすびの里では「農」を通じて失われた日本文化を再認識し、日本人として生まれてきたことに誇りと幸せを持てるように「学」もします。

自分たちの国が歩んできた歴史を、日本人としての良識を基準に勉強しなおす活動としての「学」の場が、毎月定例で開催している「熊野飛鳥むすびの里勉強

むすびの里「自衛官合宿」での禊行《みそぎぎょう》のあとの荒谷

会」「東京民草の和をつなぐ会」および「大阪民草の和をつなぐ会」です。

むすびの里では「農」と「学」に加え、「武」にも力を入れています。

武士が生まれる前、勇ましい人をあらわす「ますらお」という言葉がありました。「ますらお」は漢字で「大丈夫」とも書きます。これは何があっても乗り越えられる人間を示しています。

自然災害や戦争など、危機に見舞われてもへこたれず、仲間に声を掛け奮起する「ますらお」の気持ちを養うのが「武」です。

全員が全員、ますらおにならなくとも、危機のときに「大丈夫だ」と言える人がひとりでもいれば、苦難を乗り越えて日本の歴史を紡いでいけると思うのです。

これまで日本を支えてきたものが消えないように、きちんと守っていきたいと思っています。

＊26　**国民国家**
主として国民の単位にまとめられた民族を基礎として、近代、とくに一八～一

九世紀の欧州に典型的に成立した統一国家。国民的一体性の自覚のうえに確立。民族国家。

＊27　国益

国家あるいは国民社会の価値や利益。最も広義には対外関係において獲得、維持されるべき国家の利益。ナショナル・インタレスト（national interest）。国際社会では、それぞれの国家が国益を追求することで利害が激しくぶつかりあう。国益にまつわる国家関係については、「国家間に真の友人はいない」（フランス元大統領シャルル・ド・ゴール）、「我が国以外はすべて仮想敵国である」（イギリス第六一・六三代首相ウィンストン・チャーチル）などの言葉が残されている。

＊28　国家理念

国家理念とは、その国を建国した際に掲げた理念である。建国に至る経緯や建国の大義を明らかにし、国家主権のありかを明確にすること。国家理念を示した日本国憲法では「国民主権」「基本的人権の尊重」「平和主義」を三つの原則としている。

＊29　日本の国柄（＝國體）

いかなる国家にも、その国家を成り立たしめる根本原理がある。それが国柄で、日本人は「國體」と呼んだ。

＊30　神道

日本の風土や生活習慣から自然に生じた、祖霊崇拝、自然畏怖にもとづく日本の文化慣習。農耕を行う自然のなかに神霊の存在を見出し、それを祀ることで災厄を祓い安寧を祈る。神道には教祖や教義はなく、身近な生活や行動様式として日本人の生活に深く関わっている。

おわりに

荒谷　卓

俺には、舎弟と呼べるやつがふたりいる。伊藤祐靖と稲川義貴だ。舎弟と呼ぶ意味は、こいつらに「戦《いくさ》ですよ」と誘われたら、問答無用、理由なんか聞かずに「そうか」と言って俺も戦に行く。俺が戦うときは、独りで戦うつもりだが、こいつらには「ちょっと行ってくる」と声はかける。

いつからかわからんが、俺は「戦って死ぬ」のが最高の生き方だと思っている。だから、「何のために戦うのか」ということがとっても大事なことだと感じている。大事だから、ずっとそればっかり考えてきた。答えはすぐに出た。日本だ。しかし二〇代のころは、その日本が俺のなかで曖昧だった。自分の命より価値あるものをすべて捨ててしまった戦後の日本には、戦をしてまで守るべきものが見つけられなかった。小野田寛郎《おのだひろお》さんの「自然塾」開設を手伝っていたときに、小野田さんの「戦後の日本は憲法第九条がなくたって戦争なんかしないよ。戦争をしてまで守るべきものをなくしてしまったんだから」という言葉にうなずくしかなかった。

三島由紀夫は自ら切腹をすることで、なくなってしまったかと思われた守るべき日本がまだ存在することを示した。俺は、三島の「檄《げき》」で、守るべき日本の所在を感じた。そして、二五歳のとき、「俺は四〇歳までに死ぬから俺の両親の面倒を見ろ」と言って嫁と結婚した。

三〇代には、俺のなかの日本がちゃんと自覚できるようになってきた。答えは、昔から将来へと連綿と続く日本であった。真の平和は家族的団結によらねばできないとの日本民族の信念「八紘為宇《はっこういう》」を祖先から引き継ぎ子孫に受け渡す。俺は「七生滅賊《しちしょうめつぞく》（七度同じ人に生まれかわって朝敵を必ず滅ぼす）」を祈願して舎弟正季《まさすえ》とともに逝った大楠公楠木正成《だいなんこうくすのきまさしげ》の生まれかわりであると、勝手に自分で思い込むことにした。

四〇代、生きていないはずの年。だらだらと生きるくらいなら、サッサと戦って死のうかと思っていたが、特殊作戦群創設の使命が回ってきた。と同時に、伊藤祐靖に巡り逢うことになる。俺の常識は、戦後日本の非常識なのだが、なぜかこの伊藤祐靖には常識だと感じるらしい。珍しいやつだと思った。「生き死に」の問題を常識的——世間では非常識——に話せるやつだ。そういうわけで、長い付き合いをすることになった。

今回、こんな形で対談をしたわけだが、こいつと「生き死に」のことを初めて話すかのようにしたもんだから、対談間はどうもケツの穴がむずがゆくなった。稲川義貴がいたら「いまごろ何言ってんだよ、おやっさん！　兄貴！」と言われそうだ。

まあしかし、俺と伊藤祐靖が当たり前だと思っている常識（非常識）の一端を読んでもらって、これは「常識だ」と思ってくれる人がいれば、おんなじ類の戦闘者だろうから、この本を通じてそんな仲間に出会えればありがたい。

こんな機会を与えてくれた株式会社ワニ・プラスの佐藤俊彦氏、フリーランス・ライターのはたけあゆみさんには心から御礼を申し上げたい。

令和四（二〇二二）年　一二月

荒谷 卓（あらや・たかし）

元特殊作戦群群長。昭和34（1959）年、秋田県生まれ。東京理科大学卒業後、陸上自衛隊に入隊。第19普通科連隊、調査学校、第1空挺団、弘前第39普通科連隊勤務後、ドイツ連邦軍指揮幕僚大学留学。陸幕防衛部、防衛局防衛政策課戦略研究室勤務を経て、米国特殊作戦学校留学。帰国後、特殊作戦群編成準備隊長を経て特殊作戦群群長。平成20（2008）年退官。明治神宮武道場「至誠館」館長を経て、平成30年、国際共生創生協会「熊野飛鳥むすびの里」を開設。著書に『戦う者たちへ』（並木書房）、『自分を強くする　動じない力』（三笠書房）などがある。

伊藤祐靖（いとう・すけやす）

元海上自衛隊特別警備隊先任小隊長。昭和39（1964）年、東京都生まれ。日本体育大学卒業後、海上自衛隊入隊。防大指導官、「たちかぜ」砲術長等を歴任。イージス艦「みょうこう」航海長時に遭遇した能登沖不審船事件を契機に、自衛隊初の特殊部隊である特別警備隊の創隊に関わり、創隊以降7年間先任小隊長を務める。平成19（2007）年、退官。拠点を海外に移し、各国の警察、軍隊などで訓練指導を行う。著書に『国のために死ねるか』（文春新書）、『自衛隊失格』（新潮文庫）、『邦人奪還』（新潮社）などがある。

日本の特殊部隊をつくったふたりの〝異端〟自衛官

人は何のために戦うのか！

2023年2月5日　初版発行

著者　荒谷 卓　伊藤祐靖
発行者　佐藤俊彦
発行所　株式会社ワニ・プラス
〒150-8482　東京都渋谷区恵比寿4-4-9 えびす大黒ビル7F
電話　03-5449-2171（編集）

発売元　株式会社ワニブックス
〒150-8482　東京都渋谷区恵比寿4-4-9 えびす大黒ビル
電話　03-5449-2711（代表）

装丁　新 昭彦（TwoFish）
編集協力　はたけあゆみ
DTP　株式会社ビューロー平林
印刷・製本所　中央精版印刷株式会社

Printed in Japan　ISBN978-4-8470-7243-7　ワニブックスHP　https://www.wani.co.jp